MEN'S CUT

남성컷 & 이용사 실기 시험

공복례 저

구민사

◆ 저자약력

공복례

· 우석대학교 화장품미용학과 겸임 조교수
· 서경대학교 경영대학원 미용경영전공 석사졸업
· 미용기능장
· 이용기능장
· 미용실기 교원자격증 - 교육인적자원부
· 직업능력개발훈련교사 자격증 미용서비스 1급 - 노동부
· 직업능력개발훈련교사 자격증 이용서비스 2급 - 노동부
· 한국산업인력공단 기능장(미용장, 이용장) 실기시험 감독
· 한국산업인력공단 기능사(이용사, 네일아트, 메이크업) 실기시험 감독
· 한국기술자격검정원 미용사(일반) 실기시험 감독

◆ 들어가며

최근 연예계나 패션, 디자인 매체들을 통해 남성 헤어스타일의 트렌드를 살펴보면, 현대 남성들이 유행에 민감하게 반응하면서도 나이와 직업에 구애받지 않고 자신의 개성을 자유롭게 표현하고 있다는 것을 알 수 있다. 그러나 이러한 표현의 다양성에도 불구하고 실제 이용 현장에서 대다수의 남성들이 요구하는 스타일은 기본적인 상고머리 스타일로, 남성 헤어스타일에서 여전히 가장 큰 비중을 차지하고 있다.

이 사실이 헤어 디자이너의 걸음을 내딛은 여러분에게 어떤 의미로 다가오는가. 몇몇 독자들은 이미 눈치를 챘을 것이다. 바로 몇 번을 거듭하여 강조해도 부족하지 않을, 탄탄한 기본기이다.

상고머리부터 최신 트렌드까지 다양한 헤어스타일을 연출하기 위해서는 기본을 제대로 갖추고 커트에 임해야 한다. 헤어 스타일링의 대상이 되는 두상의 명칭이나 용어를 익히는 것부터 시작해 디자인의 기법과 기술까지 아우르는 전 과정에서 이론과 연습에 충실할 것을 요청하는 바이다. 특히 남성 커트에 있어서 커트 빗을 잡는 방법과 가위 손놀림 기법 등은 매우 중요한데, 언제든 자유자재로 다룰 수 있도록 기술을 습득해야 할 것이다. 이것이 고객의 취향에 맞는 디자인을 완성할 수 있는 기본이다.

남성 헤어스타일은 총 두 권으로 구성되었다. 특히 제1편의 제2장은 남성 헤어스타일의 기본형인 상고머리 스타일을 심도 있게 다루었다. 앞에서도 강조했듯이 이 스타일은 대다수의 남성들이 꾸준하게 선호하고 앞으로도 지속적인 수요가 예상되는 헤어스타일임이 분명하므로, 남성 커트를 자신감 있게 시술하고 싶다면 제1편 제2장에 기술된 상고머리 스타일의 형태와 부위별 커트기법, 기구사용방법에 많은 관심을 기울여 학습하고 반복해 연습하기를 권한다. 제3장에 기술된 다양한 스타일의 응용디자인과 패션커트를 시술하는데 제2장의 학습이 큰 도움이 될 것이다.

남성 헤어스타일 두 권 중 제2편은 이용기능사 국가자격 실기시험을 준비할 수 있도록 집필되었다. 제1편에서 학습한 이용 기술을 가지고 그 자격을 인정받아 구직과 창업, 이용 교육 등 다양한 가능성에 도전하는 독자들이 이용기능사 국가자격 실기시험을 준비할 수 있도록 실기과목 전 과정을 접수부터 준비과정, 시험 실시에 대해 구체적으로 기술하였다.

남성 헤어스타일의 기본부터 시작해 자격 취득까지 이야기하고 나니 이러저러한 필요와 모습으로 남성 커트에 관심을 갖고 설레는 마음으로 책의 첫 페이지를 넘기고 있을 여러분의 모습이 그려져 함께 설레는 기분이다. 이 책이 아무쪼록 그 필요를 채울 수 있기를, 커트의 기본기를 훈련하고 다양한 디자인으로 응용하게 될 수 있기를, 독자가 남성 커트를 공부하기로 다짐하게 된 그 스타일보다 더 멋진 헤어스타일을 연출해낼 수 있기를, 그리고 개인적 필요를 넘어 이런 서비스가 필요한 이웃이 있지는 않은지 주변을 돌아볼 수 있게 되기를 머리말을 마무리하며 바래본다.

끝으로 사진촬영에 도움을 주신 최윤정 님, 신혜정 님과 도서출판 구민사 조규백 대표님과 관계자 여러분께 깊은 감사의 말씀을 드립니다.

저자 공 복 례

Contents

제1편 MEN'S CUT MASTER

Chapter 1 기본 이론 (Basic Theory)

Chapter 2 상고머리 커트기법

Chapter 3 남성커트 실기

제2편 이용사 실기

Chapter 1 이용사 시험정보

Chapter 2 이용사 실기종목 기술

Section V 정발술(Dry Skill)

Section VI 아이론(Iron)

01

◤ MEN'S CUT MASTER

MEN'S CUT MASTER

CHAPTER 01

기본이론 (Basic Theory)

Section I 헤어디자인 용어

1. 두상과 헤어라인의 명칭

1) 두상의 포인트 명칭

① C.P(Center Point) : 센터 포인트
② T.P(Top Point) : 탑 포인트
③ G.P(Golden Point) : 골든 포인트
④ B.P(Back Point) : 백 포인트
⑤ N.P(Nape Point) : 네이프 포인트
⑥ E.P(Ear Point) : 이어 포인트
⑦ S.P(Side Point) : 사이드 포인트

⑧ F.S.P(Front Side Point) : 프런트 사이드 포인트
⑨ S.C.P(Side Coner Point) : 사이드 코너 포인트
⑩ E.B.P(Ear Back Point) : 이어 백 포인트
⑪ N.S.P(Nape Side Point) : 네이프 사이드 포인트

⑫ C.T.M.P(Center Top Medium Point) : 센터 탑 미디움 포인트
⑬ T.G.M.P(Top Golden Medium Point) : 탑 골든 미디움 포인트
⑭ G.B.M.P(Golden Back Medium Point) : 골든 백 미디움 포인트
⑮ B.N.M.P(Back Nape Medium Point) : 백 네이프 미디움 포인트

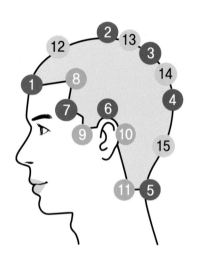

2) 두상의 부위별 명칭

① 전두부(Top)　　② 측두부(Side)　　③ 두정부(Crown)　　④ 후두부(Nape)

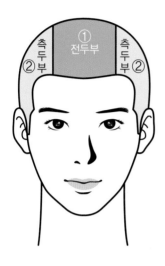
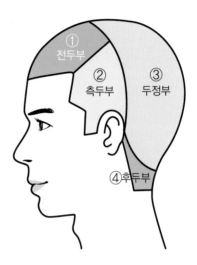

3) 두상의 분할 용어

① 인테리어(Interior)

두상의 정상(Crest) 윗부분의 명칭이다.

② 익스테리어(Exterior)

두상의 정상(Crest) 아랫부분의 명칭이다.

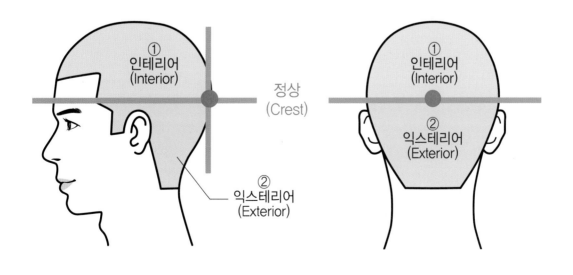

4) 두상의 분할 라인

① 정중선(Center Line) – 두상의 좌우 분할선이다.

코를 중심으로 두상의 부위를 좌우로 분할하는 선이다.

② **측중선**(E.E.L– Ear To Ear Line) – 두상의 앞뒤 분할선이다.

좌우의 귀를 세로로 잇고 두상부위 측면을 전후로 2등분 하는 선이다.

③ 수평선(H.L – Horizontal Line) – 두상의 상하 분할선이다.

E.P의 높이를 가로로 잇고 두상부위 측면을 상하로 2등분 하는 선이다.

④ 측두선(U Line)

양쪽 프런트 사이드 포인트(F.S.P)에서 측중선까지 연결하는 선이다.

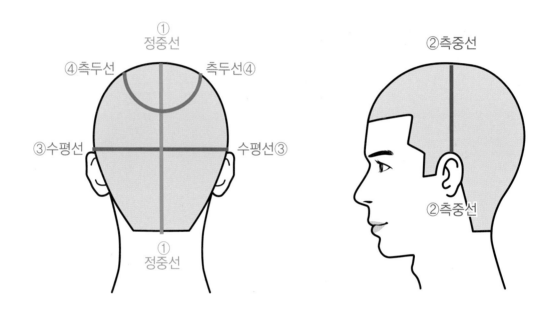

5) 헤어라인(Hair Line)의 명칭

헤어라인(Hair Line)은 얼굴과 목 부분 귀 밑으로 머리카락이 나있는 경계부분을 말하며 헴 라인(Hem Line)이라고도 한다.

① 페이스 라인(Face Line)

　왼쪽 사이드 코너 포인트(S.C.P)∼오른쪽 사이드 코너 포인트(S.C.P)까지 얼굴 위로 머리가 나기 시작한 선이다.

② 사이드라인(Side Line)

　사이드 코너 포인트(S.C.P)∼이어 포인트(E.P)까지 머리가 나기 시작한 선이다.

③ 네이프 사이드라인(Nape Side Line)

　이어 포인트(E.P)∼네이프 사이드 포인트(N.S.P)까지 머리가 나기 시작한 선이다.

④ 네이프 라인(Nape Line)

　한쪽 N.S.P∼반대편 N.S.P까지 목덜미 선이다.

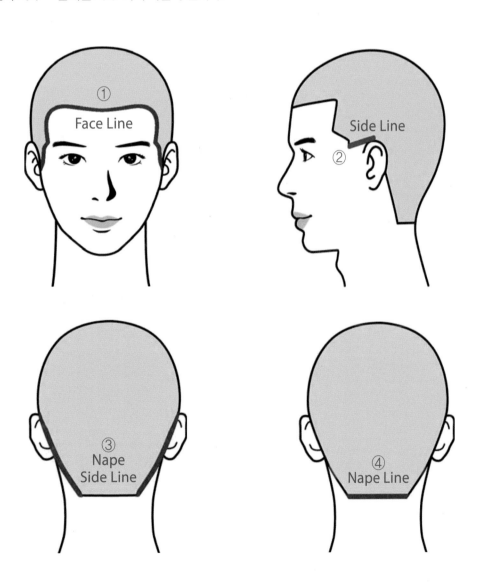

2. 헤어디자인 기본용어

1) 두발의 분할모양과 선의 명칭

① 블로킹(Blocking)

큰 구역으로 나누어 구분하는 것이다.

② 슬라이스(Slice)

일정량의 모발을 얇게 베어내는 것, 필요한 만큼 적게 뜨는 것이다.

③ 섹션(Section)

블로킹 보다 더 작게 구분된 머릿결의 상태이다.

④ 판넬(Panel)

잡아 뜬 섹션을 빗질하여 판판하게 잡은 상태이다.

⑤ 텐션(Tension)

두발을 손가락에 끼워 잡았을 때 당기는 힘의 정도(긴장력)이다.

⑥ 베이스(Base)

두발의 근원 즉, 뿌리부분이다.

⑦ 스템(Stem)

두피에 대해서 일어나는 머리카락의 줄기이다.

⑧ 스트랜드(Strand)

모발의 일부분을 적게 떠서 잡은 머리 다발이다.

⑨ 베이스 라인(Base Line)

헤어커트 기초가 되는 부분으로 가이드라인(Guide Line)을 말한다.

⑩ 더블 베이스 라인(Double Base Line)

짧은 베이스 라인 위에 긴 베이스 라인을 덮어씌우는 것이다.

⑪ 가이드라인(Guide Line)

안내선, 윤곽선, 처음으로 기준을 잡아 주는 선이다.

⑫ 가이드 섹션(Guide Section)

커트시 제일 처음 커트하는 섹션이다.

⑬ 온 더 베이스(On The Base)

잡은 섹션의 베이스 중심부분이 두피로부터 직각(90°)으로 들려진 것이다.

⑭ 오프 더 베이스(Off The Base)

두발의 섹션을 한쪽으로 정해 놓고 그 방향으로만 당겨서 커트하는 방법이다.

⑮ 버티컬(Vertical)

바닥에 대한 수직선이다.

⑯ 호리존탈(Horizontal)

바닥에 대한 평행선이다.

⑰ 다이애거널(Diagonal)

바닥에 대한 사선이다.

⑱ 레디얼 섹션(Radial Section)

골든 포인트(G.P)를 기점으로 방사상으로 섹션을 뜨는 기법이다.

⑲ 핑거 앵글(Finger Angle)

손가락의 각도이다.

⑳ 커팅 앵글(Cutting Angle)

커트할 때 패널을 잡는 방법이다.

2) 헤어디자인 표현을 위한 기본용어

① 텍스츄어(Texture)

머리 스타일의 전체적인 질감을 말한다.

② 볼륨(Volume)

양감을 말한다.

③ 씨메트릭(Symmetric)

좌우 길이의 균형과 대칭 상태를 말한다.

④ 어씨메트릭(Asymmetric)

좌우 길이의 불균형과 비대칭 상태를 말한다.

⑤ 인터널 쉐이프(Internal Shape)

헤어스타일의 내부 즉, 외곽선에 안쪽부분을 말한다.

⑥ 프리미터 라인(Perimeter Line)

헤어스타일의 아웃라인(Out Line) 즉, 외곽선을 말한다.

⑦ 옥시피탈 본(Occipital Bone)

후두부에 튀어나온 뼈를 말한다.

⑧ 웨이트 에어리어(Weight Area)

볼륨이 있는 부위를 말한다.

⑨ 리세션 에어리어(Recession Area)

양쪽 이마에 우묵하게 들어간 부분을 말한다.

3. 이용전문 용어

① 발제선(Hair Line)

　얼굴과 두피의 경계부분인 헤어라인(Hair Line)을 말한다.

② 분발선(Part)

　가르마(Part)를 분할하는 것이다.

③ 구레나룻(Sideburns)

　귀 밑에서 턱까지 잇따라 난 수염을 말한다.

④ 조발(Cut)

　두발을 커트(Cut)하는 것이다.

⑤ 접합선(Clipper Line)

　ⓐ 접합선은 클리퍼 라인(Clipper Line)을 말한다.

　ⓑ 클리퍼 라인(Clipper Line)은 클리퍼를 이용해 네이프 라인(Nape Line)으로부터 두발을
　　아주 짧게 깎아 올려 깎은 최종 경계선이다.

　ⓒ 클리퍼 라인(Clipper Line)을 기점으로 밑으로는 두피가 보이는 부분이고 위로는 층이
　　연속적으로 이어지며 두발은 점점 더 길어지는 부위이다.

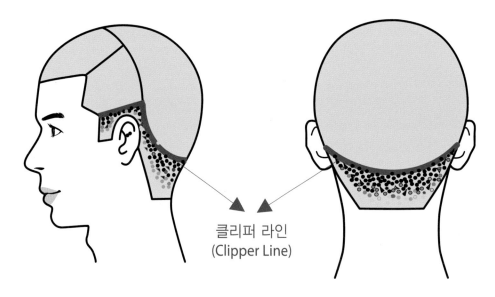

클리퍼 라인
(Clipper Line)

⑥ 면체술(Shaving Skill)

　귀 앞과 귀밑 턱에 수염과 얼굴에 연모를 깎는 것이다.

⑦ 정발술(Dry Skill)

　두발을 말리거나 드라이(Dry)기로 각을 세워 입체적인 모양을 만드는 것이다.

⑧ 세발술(Wash Skill)

　두피와 두발을 씻어내는 기술이다.

⑨ 솎음깎기(Thinning Out)

　솎음질이라고도 하는데 두발의 숱 치기를 하는 것이다.

Section Ⅱ 두발길이가 변화되는 요소

1. 시술각(Projection)

시술 각(Projection)은 커트하는 동안 두발이 두상으로부터 들려지는 각도를 말하며 두발의 위아래 길이(층의 높이)가 결정된다. 시술각의 종류로는 자연시술각(고정각)과 일반시술각(이동각)이 있다.

1) 자연시술각(Natural Fall) — 고정각

① 천체축(Celestial Axis)은 직선과 곡선, 각도의 방향을 나타내기 위해 사용되는 기호이다.
② 천체축(Celestial Axis)의 주요 각은 0°, 45°, 90°이다.
③ 모발이 두상 곡면 위로부터 밑으로 자연스럽게 떨어졌을 때(Natural Fall) 보이는 모습을
   천체축(Celestial Axis) 각도라 한다.
④ 솔리드 커트(Solid Cut)와 그레쥬에이션 커트(Graduation Cut)에 적용되는 각도이다.

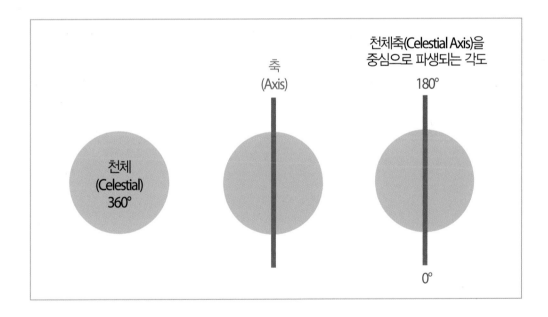

⑤ 천체축(Celestial Axis)을 중심으로 각도가 왼쪽 방향과 오른쪽 방향으로 파생되는 고정각의
   모양이다.

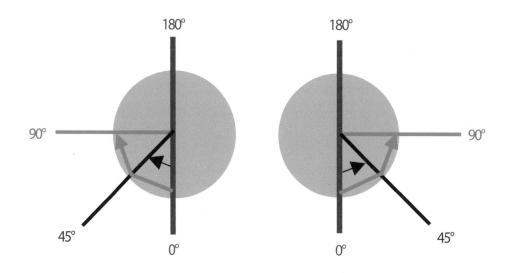

⑥ 천체축(Celestial Axis) 고정각이 두피에 적용된 시술각의 모양이다.

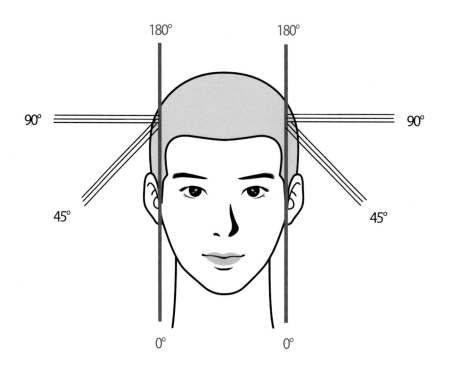

2) 일반시술각(Normal Projection) — 이동각

① 일반시술각은 두상 곡면으로부터 머리를 들었을 때 파생되는 각도를 말한다.

② 두상 각도(Head Angle)라 한다.

③ 헤어 디자인(Hair Design)의 구조나 길이 배열을 분석할 때 사용한다.

④ 레이어 커트(Layer Cut)시 적용되는 각도이다.

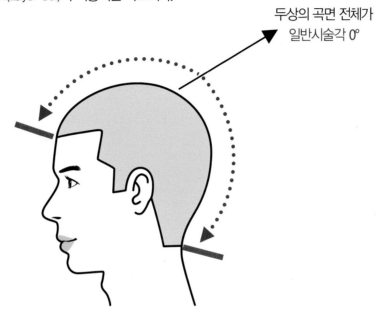

두상의 곡면 전체가
일반시술각 0°

⑤ 동일한 각도가 부위별로 적용된 일반시술각(Normal Projection)의 도해도이다.

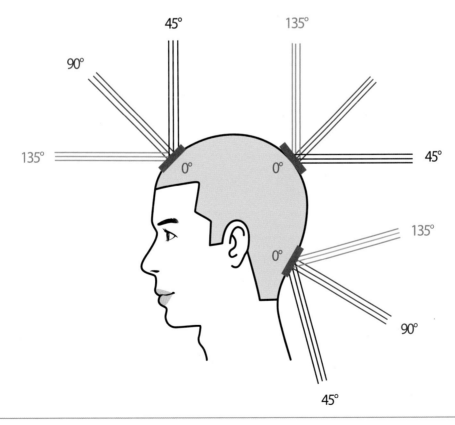

3) 부위별로 적용되는 시술각

① 인테리어(Interior) 부위

    ⓐ 두상 각도(Head Angle)로부터 들려지는 일반시술각을 적용한다.

    ⓑ 일반시술각을 적용해 두발이 위쪽으로 들려져야 커트하는 층의 조절이 쉽다.

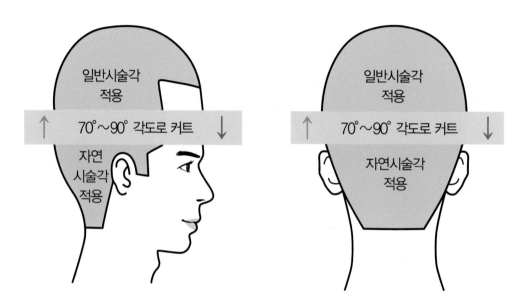

② 익스테리어(Exterior) 부위

    ⓐ 중력에 의해 밑으로 떨어지는 자연시술각을 적용한다.

    ⓑ 두발이 중력에 의해 밑으로 떨어져 층이 형성됨으로 위쪽으로 들려지지 않는 자연시술각을
적용해 두발을 커트해야 층의 조절이 쉽다.

    ⓒ 자연시술각으로 90° 이상은 두발 커트에 적용하지 않는다.

4) 커트 시술시 두발이 들려지는 각도

① 커트할 때 들려지는 시술각은 대략 70°~90° 각도로 커트한다.

② 인테리어(Interior) 부위는 일반시술각 70°~90° 각도로 두발을 들어 커트한다.

③ 익스테리어(Exterior) 부위는 자연시술각 70°~90° 각도로 두발을 들어 커트한다.

④ 자연시술각과 일반시술각을 혼합하여 70°~90° 각도로 두발을 커트하면 위로 진행되면서 두발이 차츰 길어지고 층의 연결 상태가 자연스럽다.

⑤ 그러나 고객의 두상골격이나 두발의 굵기와 흐름 등을 파악하고 커트된 두발 끝의 연결 상태를 확인하면서 커트 해야 한다.

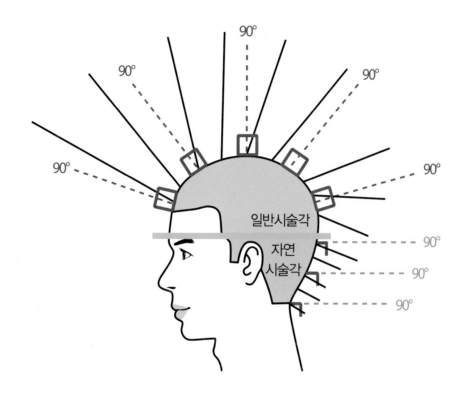

──── 색의 실선은 70°~90° 각도로 들려진 두발

⑥ 위 그림은 인테리어 부위는 일반시술각으로 점선은 90° 각도 실선은 70°~90° 이하 각도로, 익스테리어 부위는 자연시술각으로 점선은 90° 각도 실선은 70°~90° 이하 각도로 두발이 들려진 것이다.

2. 선(Line)과 섹션(Section)의 모양

1) 선(Line)과 두발길이의 변화

① 두발의 형태(머리의 모양과 윤곽) 분석은 기본적인 구성요소인 선(Line)을 이해하고 그 스타일에
맞는 선(Line)을 적용시켜야 한다.
② 선(Line)의 경사도를 급격하게 가를수록 두발 길이의 단차는 심하게 표현된다.
③ 섹션(Section)의 모양과 빗질해 내려오는 빗의 모양, 빗 위에 손가락이 얹어지는 모양, 중지 손가락
위에서 커트되는 선(Line)의 모양이 모두 동일해야 한다.
④ 결국 섹션(Section)의 모양과 커트되는 외곽선의 모양은 같다.

2) 섹션의 모양

① 수평섹션(Horizontal Section)
ⓐ 일직선 평행선으로 좌우대칭의 섹션이다.
ⓑ 평행 보브(Parallel Bob) 커트 스타일에 적용한다.

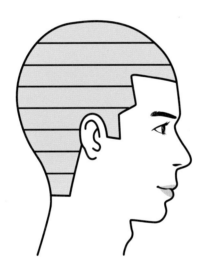 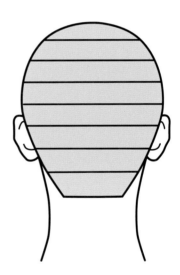

② 수직섹션(Vertical Section)

　ⓐ 두발의 층을 높게 내고 각도 조절이 필요할 때 적용되는 섹션이다.

　ⓑ 스퀘어 레이어(Square Layer) 커트에 적용한다.

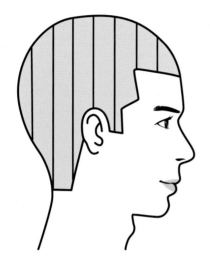 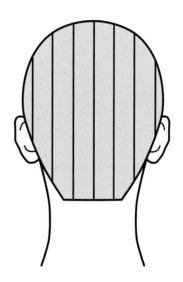

③ 전대각 섹션(Concave Section)

　ⓐ 얼굴을 기준으로 앞쪽으로 진행하는 선(Line)이다.

　ⓑ 앞쪽으로 진행할수록 두발은 길어지게 된다.

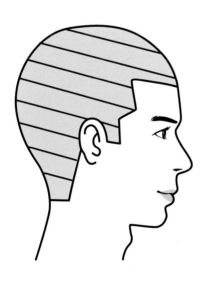 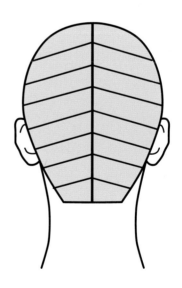

④ 후대각 섹션(Convex Section)
ⓐ 얼굴을 기준으로 뒤쪽으로 진행하는 선(Line)이다.
ⓑ 앞쪽으로 진행할수록 두발은 짧아지게 된다.

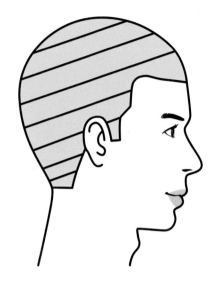 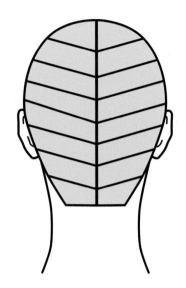

⑤ 방사형 섹션(Pivot Section) 또는 레이디얼 섹션(Radial Section)
ⓐ 가마(Hair Whirl) 중심점에서 방사상으로 나누는 섹션으로 두상 곡면에 적합한 삼각 섹션이 생긴다.
ⓑ 위로 좁아지는 곡면 즉 골든 포인트(G.P) 밑에 두발을 커트할 때 적용한다.

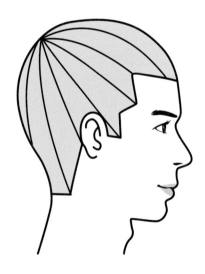 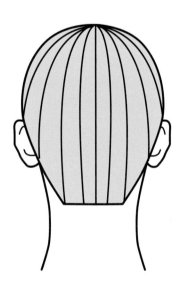

3. 베이스(Base)

1) 두발 길이의 변화

① 시술각(Projection)으로는 두발 위아래 층의 높이를 조절하고 베이스(Base)의 당김새는 두발의 좌우 길이를 결정하는데 적용하면서 스타일을 완성한다.

② 어떤 섹션(Section)에 어떤 시술각(Projection)과 어떤 베이스(Base)를 사용하느냐에 따라 그 어떤 헤어스타일의 커팅(Cutting)도 가능하다.

2) 베이스(Base)의 종류

① 온 더 베이스(On The Base)
   ⓐ 베이스(Base) 중심부분에 두발이 두피로부터 직각(90°)으로 들려지고 양쪽 두발은 가운데로 모아진 접점에서 커트한다.
   ⓑ 두발을 같은 길이로 커트 할 때 적용한다.
   ⓒ 베이스 폭이 커질수록 양쪽 두발은 길게 커트된다.
   ⓓ 양쪽 두발이 심하게 길어지는 것을 방지하려면 섹션의 폭을 좁게 한다.
   ⓔ 유니폼 레이어(Uniform Layer)를 커트할 때 적용한다.

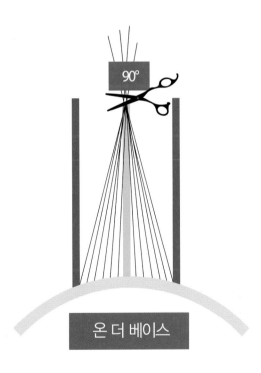

온 더 베이스

② 프리 베이스(Free Base)

　ⓐ 베이스(Base) 폭 도중에 접점에서 커트한다.

　ⓑ 중심 보폭이 2/3 지점으로 이동한다.

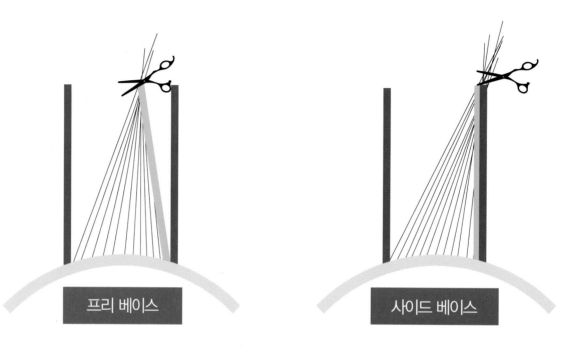

　　　　프리 베이스　　　　　　　　　　사이드 베이스

③ 사이드 베이스(Side Base)

　ⓐ 베이스(Base) 한쪽 끝 접점에서 커트한다.

　ⓑ 수평 섹션(Horizontal Section)으로 시술할 때 주로 사용한다.

　ⓒ 정중선(Center Line)을 중심으로 양 사이드(Side)로 점점 길어지거나 짧아지게 할 때 사이드
　　베이스(Side Base)를 적용한다.

　ⓓ 전 판넬(바로 전에 커트한 섹션) 쪽으로 현재 커트할 섹션을 당겨서 커트하는 기법이다.

　ⓔ 양 사이드(Side)쪽에 두발을 정중선(Center Line) 중심 쪽으로 당겨서 시술하면
　　전대각(Concave) 형태로 커트된다.

　ⓕ 정중선(Center Line) 중심에서 두발을 양 사이드(Side) 쪽으로 당겨서 시술하면
　　후대각(Convex) 형태로 커트된다.

④ 오프 더 베이스(Off The Base)

   ⓐ 두발의 섹션(Section)을 한쪽으로 정해 놓고 그 방향으로만 당겨서 커트하는 방법이다.

   ⓑ 베이스(Base) 바깥쪽 접점에서 커트한다.

   ⓒ 어느 한쪽의 두발을 얼마만큼 길게 또는 짧아지게 하려는 지에 따라 당기는 각도는 다르게
     적용된다.

   ⓓ 한쪽으로 두발이 약간 또는 심하게 길어지게 할 수 있어 어느 한 쪽에 길이 변화를 원할 때
     사용한다.

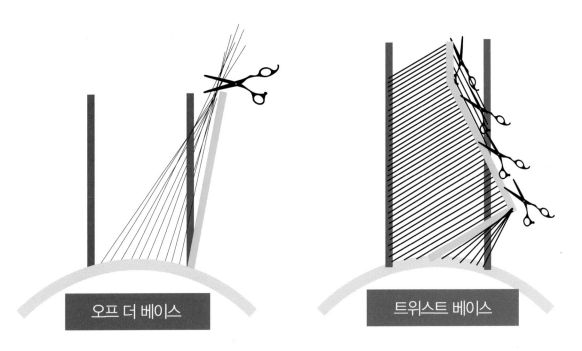

⑤ 트위스트 베이스(Twist Base)

   ⓐ 섹션(Section)의 높낮이와 좌우가 틀어진 형이다.

   ⓑ 위의 접점과 아래 접점을 이어서 커트한다.

   ⓒ 길이의 장단이 좌우 또는 위아래가 다를 때 적용시켜 자연스럽게 연결한다.

4. 분배(Distribution)

두상 섹션(Section)에 대하여 머리가 빗겨지는 방향을 의미하며 자연분배, 직각분배, 방향분배, 변이분배가 있다.

1) 자연 분배(Natural Distribution)

① 섹션(Section)에 대해 두발이 중력의 방향으로 빗겨진다.
② 솔리드 커트(Solid Cut)를 시술할 때 적용한다.

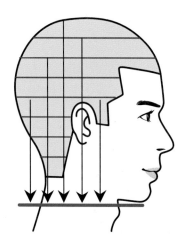 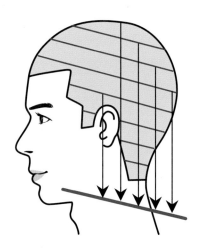

2) 직각 분배(Perpendicular Distribution)

① 섹션(Section)에 대해 두발이 직각으로 빗겨진다.
② 두상 섹션(Section)에 대해 어떠한 모양에서도 두발은 90° 각도로 빗겨진다.

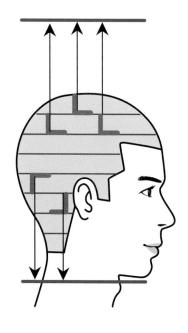 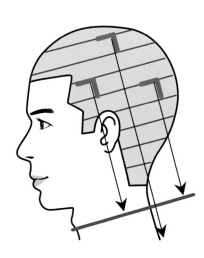

3) 방향 분배(Direction Distribution)

① 어떤 방향을 정해 놓고 두발을 그 방향으로 빗기는 것으로 두상 곡면의 형태가 만들어진다.

② 한쪽으로 집중됨으로 길이가 다르게 표현될 수 있다.

③ 스퀘어 레이어(Square Layer)를 시술할 때 적용한다.

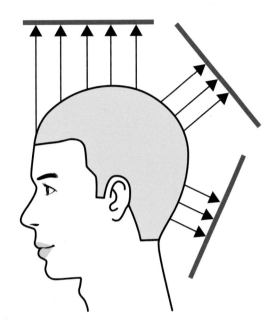

4) 변이 분배(Shifted Distribution)

① 섹션(Section)에 대해 두발이 임의의 방향으로 빗겨지며 자연분배나 직각분배가 되지 않는다.

② 자연분배와 직각분배 이외의 다른 형태로 빗질할 때 사용한다.

③ 0°와 90°를 제외한 모든 각도의 빗질 상태를 말한다.

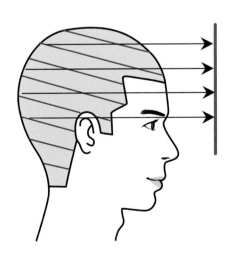
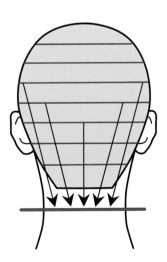

5. 가이드라인(Guide Line)

커트를 시술할 때 헤어스타일의 기준이 되는 것으로 처음 커트된 두발 라인을 가이드라인(Guide Line)이라고 한다. 디자인 라인(Design Line)과 베이스 라인(Base Line)이라고도 부른다.

1) 고정 가이드라인(Stationary Guide Line)

① 모든 머리가 처음에 결정한 가이드라인(Guide Line) 한곳으로 모아져 커트된다.
② 솔리드(Solid) 네추럴 인버전(Natural Inversion) 스퀘어 레이어(Square Layer) 커트에 적용하는 가이드라인 (Guide Line)이다.

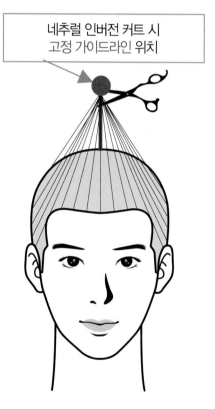

네추럴 인버전 커트 시
고정 가이드라인 위치

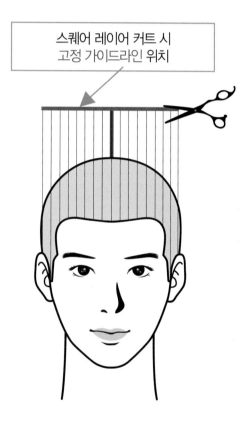

스퀘어 레이어 커트 시
고정 가이드라인 위치

2) 이동 가이드라인(Mobile Guide Line)

① 처음 커트된 가이드라인(Guide Line)은 두 번째 커트되는 섹션(Section) 밑에서 가이드라인(Guide Line)이 되고 두 번째로 커트된 섹션(Section)은 세 번째 섹션(Section) 밑에서 가이드라인(Guide Line)이 된다.

② 각각의 섹션(Section)마다 커트되는 가이드라인(Guide Line)의 위치가 바뀐다.

③ 인크리스 레이어(Increase Layer), 인 레이어(In Layer), 그라데이션(Gradation) 커트에 적용한다.

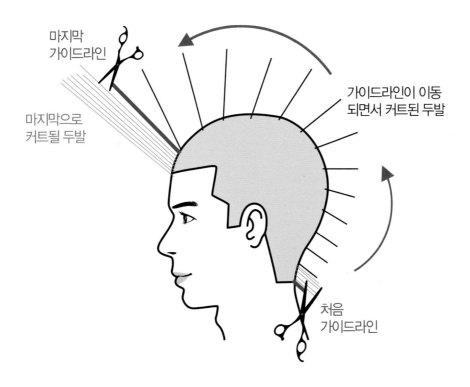

마지막 가이드라인

마지막으로 커트될 두발

가이드라인이 이동 되면서 커트된 두발

처음 가이드라인

3) 더블 가이드라인(Double Guide Line)

① 짧은 가이드라인(Short Guide Line) 위에 긴 가이드라인(Long Guide Line)을 얹어 커트한다.

② 짧은 두발과 긴 두발이 서로 연결되지 않게 하는 디스 커넥션(Dis Connection-비연결) 커트기법이다.

③ 투 블록 커트(Two Block Cut)에 적용한다.

④ 쇼트(Short)형 솔리드 커트(Solid Cut)에 적용한다.

긴 가이드라인

짧은 가이드라인

4) 다중 가이드라인(Multi Guide Line)

① 스타일(Style)의 완성도를 높이기 위해 두발 길이의 증가와 감소를 1차 2차 3차로 가이드라인(Guide Line)을 지정하며 커트하는 방법이다.

② 스퀘어 레이어(Square Layer)에 적용한다.

③ 그레쥬에이션 커트(Graduation Cut)에 이동 가이드라인(Mobile Guide Line)과 고정 가이드라인(Stationary Guide Line)이 함께 적용 된다.

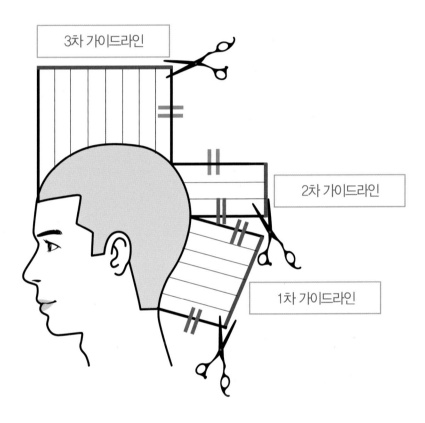

3차 가이드라인

2차 가이드라인

1차 가이드라인

Section Ⅲ 헤어커트 도구 테크닉

1. 빗(Comb)

1) 빗의 종류

① 커트 빗은 다양한 종류의 재질로 만들어져 사용되고 있다.

② 커트 빗의 크기는 대, 중, 소 세 개 정도로 구분해 준비한 후 두발의 숱과 길이 용도에 따라 적절하게 바꾸어 사용한다.

③ 초보자는 가급적 두발색과 반대되는 밝은색의 커트 빗을 사용하면 커트하려는 섹션(Section) 밑면에 있는 가이드라인(Guideline)이 잘 보이게 되므로 커트하기에 매우 용이하다.

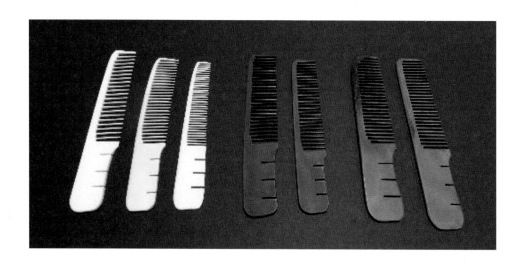

2) 빗의 용도

① 두발이 길고 숱이 많거나 심한 곱슬머리는 빗살 간격이 넓고 빗살 길이가 긴 큰 빗을 사용한다.

② 두발이 짧고 숱이 적으면 빗살 간격이 좁고 빗살 길이가 짧은 빗을 사용한다.

③ 빗살의 굵기는 빗등 쪽으로는 두꺼워지고 빗살 끝 쪽으로는 가늘어진다.

3) 빗의 명칭

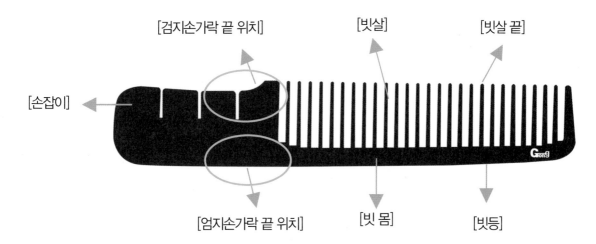

[손잡이] [검지손가락 끝 위치] [엄지손가락 끝 위치] [빗살] [빗살 끝] [빗 몸] [빗등]

4) 두발 커트시 빗 잡는 방법

① 빗살 끝이 위로 향하게 왼손으로 잡는다.

② 엄지손가락으로 빗등을 받혀준다.

③ 검지손가락 끝을 빗살이 시작되는 지점에 올려놓는다.

④ 중지손가락 가운데 마디를 빗 뒤쪽으로 접어 빗이 떨어지지 않게 고정시켜준다.

⑤ 약지와 소지손가락 마디를 밑으로 접지 말고 살짝 위로 향하게 한다.

⑥ 빗살 끝은 고객 쪽으로 빗등은 시술자 쪽으로 45° 정도 경사지게 한다.

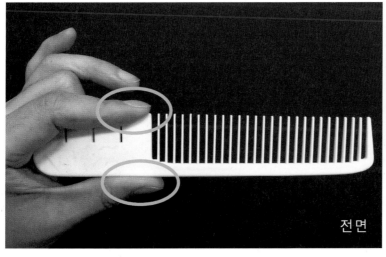

전면

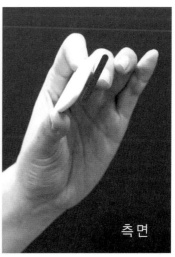

측면

5) 두발 빗질시 빗 잡는 방법

① 커트라인과 층의 확인은 엄지손가락으로 빗등을 돌려 위로 향하게 잡는다.
② 빗등위에 검지손가락을 얹고 두상의 곡면을 따라 커트라인을 표면 빗질한다.

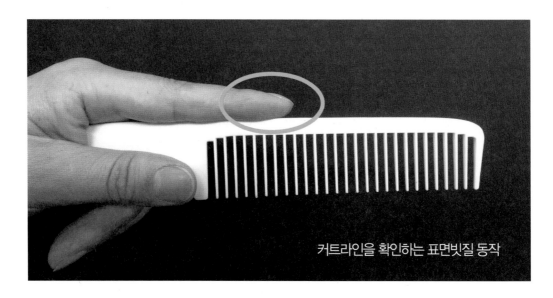

커트라인을 확인하는 표면빗질 동작

③ 다음 연속 깎기(Shingling) 동작을 위해 엄지손가락으로 빗등을 안쪽 밑으로 향하게 회전시키면서 중지손가락으로는 빗살 끝을 바깥방향으로 일으켜 세운 후 가위를 빗 등 밑에 위치시켜 커트한다.

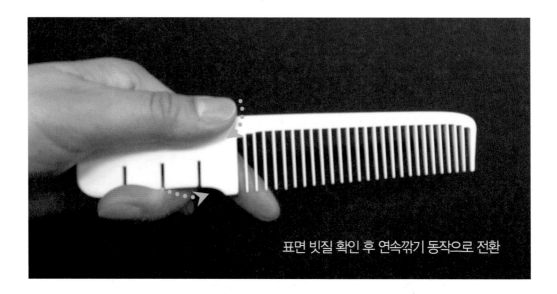

표면 빗질 확인 후 연속깎기 동작으로 전환

6) 커트라인의 표면빗질

① 커트한 두발 층을 확인할 때에는 빗등을 위로 돌려 빗살 끝이 밑으로 향하게 잡고 두발 끝 표면에
   만 가볍게 쓰다듬듯이 빗질한다.
② 두발이 눌리지 않도록 조심하며 두발 표면의 흐름(두상곡면)을 따라 빗질한다.
③ 두상곡면을 크게 빗질 할 때에는 빗등에 검지손가락을 올려놓고 사용한다.

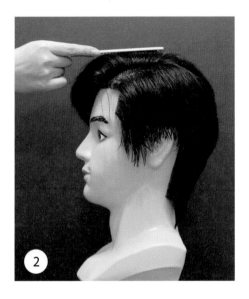 

④ 백 포인트(B.P) 윗부분은 빗을 눕혀 표면에 굴곡대로 쓰다듬듯이 빗질한다.
⑤ 백 포인트(B.P) 밑부분은 빗을 세워 표면에 굴곡대로 쓰다듬듯이 빗질한다.

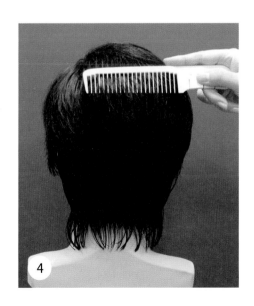 

2. 가위(Scissors)

1) 가위(Scissors) 조작의 원리

① 가위 조작은 약지손가락 고리에 연결된 고정 날은 움직이지 않고 엄지손가락 고리에 연결된
  움직이는 날 만을 이용해 커트하는 것이 기본조작 방법이다.
② 가위의 개폐(開閉) 속도와 벌리는 각도는 항상 일정하도록 조작하는 것이 좋다.

2) 가위(Scissors)의 각부 명칭

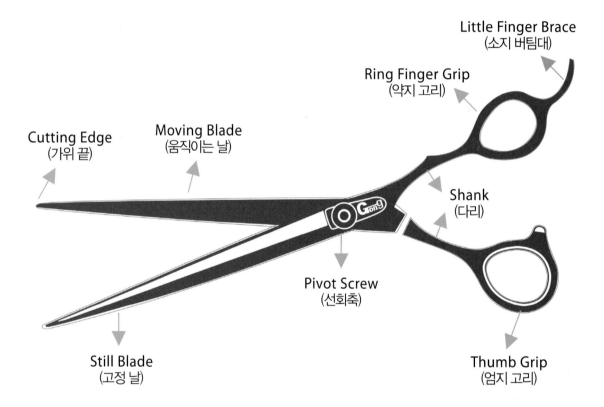

Little Finger Brace
(소지 버팀대)

Ring Finger Grip
(약지 고리)

Cutting Edge
(가위 끝)

Moving Blade
(움직이는 날)

Shank
(다리)

Pivot Screw
(선회축)

Still Blade
(고정 날)

Thumb Grip
(엄지 고리)

3) 가위(Scissors) 잡는 자세

① 가위 끝이 왼쪽으로 오게 하고 소지손가락 버팀대는 오른쪽 위로 향하게 한다.

② 소지손가락 버팀대에 소지손가락 끝부분을 얹고 곧게 펴준다.

③ 약지손가락 고리에 약지손가락을 넣고 곧게 펴준다.

④ 엄지손가락 고리에 엄지손가락 끝부분을 살짝 걸쳐준다.

⑤ 소지손가락 지문 끝부터 약지손가락 가운데 마디 위를 지나 검지손가락 맨 안쪽 마디에 가위 선회축(Pivot Screw)을 밀착시켜 가위를 사선으로 고정한다.

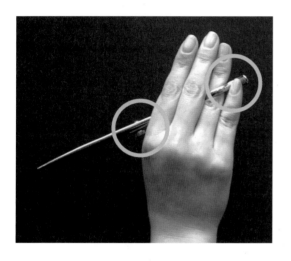 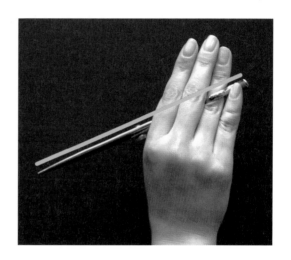

⑥ 검지손가락 맨 안쪽 마디에 가위 선회축(Pivot Screw)이 고정되어 있어야만 가위가 흔들리지 않는다.

⑦ 소지손가락 버팀대를 지그시 눌러 가위 고정 날이 위로 향하게 하는 지뢰대의 원리를 이용해 검지 손가락 마디에 밀착시켜 중심을 잡아 주는 것이다.

⑧ 엄지손가락 고리에 손가락이 많이 들어 갈수록 가위 개폐(開閉)가 불편해 진다.

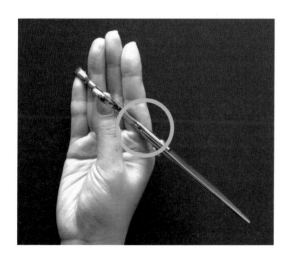 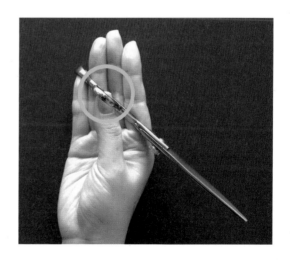

4) 빗(Comb)과 가위(Scissors) 조작법

① 빗 등 밑에 가위 고정 날을 일직선으로 밀착시킨다.
② 오른손 엄지손가락만을 움직여 가위를 개폐(開閉)한다.
③ 빗이 위쪽으로 진행되면서 가위는 빗을 따라간다.
④ 가위동작은 연속해서 3회 정도를 개폐(開閉)한다.
⑤ 커트한 두발 끝을 빗을 돌려 표면의 곡선대로 빗질하며 층의 흐름을 확인한다.

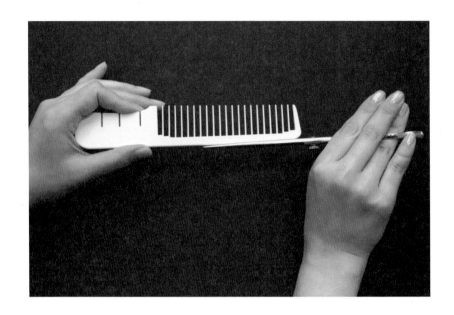

⑥ 신문용지로 연속깎기(Shingling)와 떠올려 깎기(떠내 깎기) 기법을 숙련한다.

5) 장 가위(Scissors) 사용 테크닉

① 연속깎기(Shingling)

커트할 두발 끝을 빗살에 끼워지도록 한 후 커트 빗 등에 가위 고정 날을 일자로 밀착시켜 빗과 가위가 동시에 위로 운행하면서 연속적으로 깎는 기법이다.

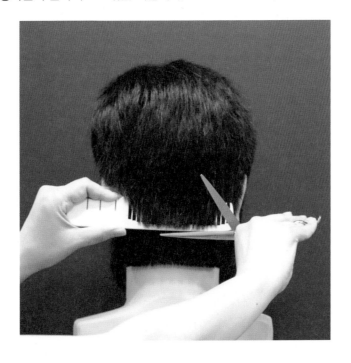

② 떠올려 깎기(떠내 깎기)

섹션을 뜨지 않고 빗 끝으로 두발 끝을 떠올려 빗과 가위몸체로 떠올린 두발을 로테이션(Rotation) 시켜 간추려서 커트하는 기법이다.

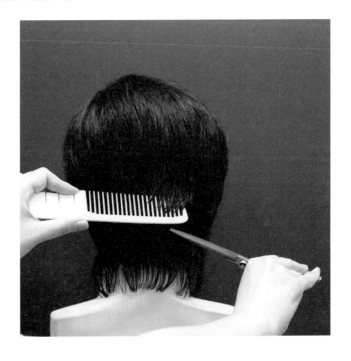

③ 지간깎기

왼손 검지손가락과 중지손가락 사이에 두발을 끼워 깎는 기법이다.

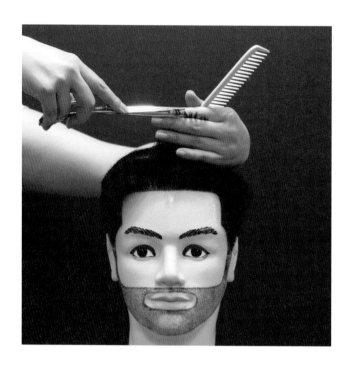

④ 돌려깎기

오른쪽 프론트 사이드 포인트(F.S.P)에서 사이드 포인트(S.P)까지의 두발을 방사형 섹션(Pivot Section) 으로 잡고 두상의 둘레를 이동하며 왼쪽 옆 부분까지 돌려깎는 기법이다.

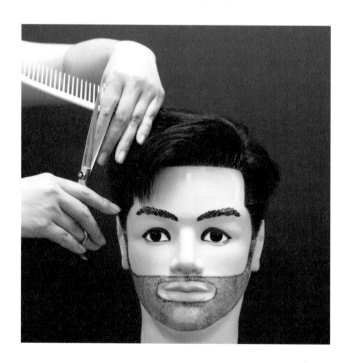

⑤ 소밀깎기

    ⓐ 소형 커트빗의 빗살 끝 쪽을 두피 면에 바싹 붙인다.

    ⓑ 가위 끝 부분을 빗살위에 얹어 두발을 짧게 커트하는 기법이다.

    ⓒ 빗살 위에서 가위 날 끝이 연속 깎기(Shingling) 기법으로 진행된다.

    ⓓ 네이프 라인(Nape Line) 부위에 두발을 클리퍼(Clipper)로 깎은 두발처럼 정교하게 짧게 올려 친다.

    ⓔ 커트시술 마지막 단계에서 네이프 부분을 세심하고 정밀하게 체크하는 커트기법이다.

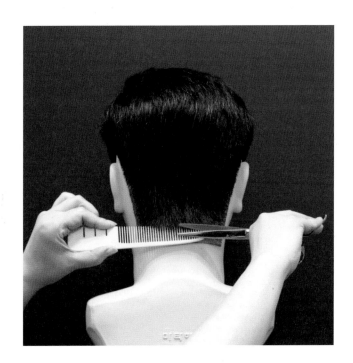

⑥ 세워깎기

ⓐ 밀어깎기

왼손 엄지손가락 지문부위를 가위 끝(고정 날)에 고정시키고 약지손가락을 목 부분에 지지대로 받쳐주
며 가위가 흔들리지 않게 한다. 오른 쪽에서 왼쪽 방향으로 진행한다. 이때 팔목이 먼저 움직이지 말고
가위 끝이 밀려가는 힘으로 두발이 깎이도록 한다.

ⓑ 당겨깎기

왼손 중지손가락 지문부위를 가위 끝(움직이는 날)에 고정시키고 가위 끝을 당기면서 두발을 깎는 기법
으로 왼쪽에서 오른쪽방향으로 진행한다.

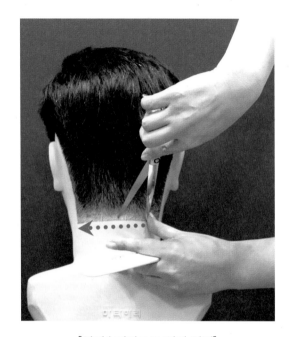

[엄지손가락으로 밀어 깎기]

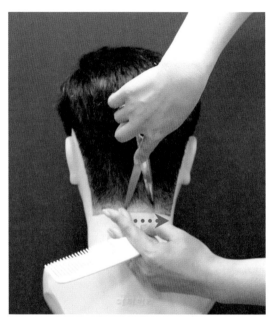

[중지손가락으로 당겨 깎기]

ⓒ 시술방법

세워깎기는 커트의 완성단계에서 두발표면에 파우더를 바르고 요철이 있는 부위에 튀어나온 두발을
확인하여 수정 커트하는 기법이다. 커트 빗은 왼손 검지손가락과 중지손가락 사이에 끼워 잡고 수정
커트한 두발을 빗질해 확인한다.

3. 틴닝 가위(Thinning Scissors)

1) 직선 날 틴닝 가위(Thinning Scissors)

① 날 끝이 일직선으로 배열된 40발 이상의 것을 사용한다.
   (참고 : 일반 미용 틴닝 가위는 35발 이하로 1㎝정도 날 길이가 짧다.)
② 두발의 기장은 그대로 두고 숱을 감소시켜 모량을 조절하고 싶을 때 사용한다.
③ 두발을 커트할 때 연속깎기(Shingling) 기법에 주로 사용되는 도구이다.

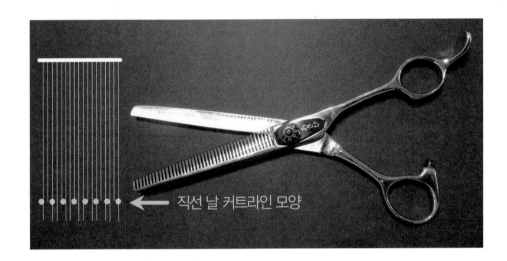

← 직선 날 커트라인 모양

2) 곡선 날 틴닝 가위(Texture Scissors)

① 날 끝이 곡선으로 배열된 텍스쳐 가위(Texture Scissors) 이다.
② 질감 처리와 슬라이드(Slide) 기법 등 가벼운 효과를 주기 위해 사용한다.
③ 커트라인이 곡선으로 형성되어 연속깎기(Shingling)용으로 잘 사용하지 않는다.

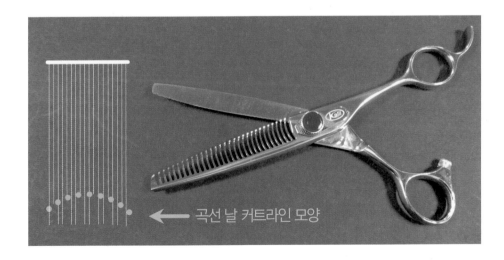

← 곡선 날 커트라인 모양

3) 직선 날의 두발길이 감소기법

① 연속깎기(Shingling) 기법으로 시술한다.
② 두발 숱은 치지 않고 두발 끝부터 커트라인 위치까지 틴닝 가위(Thinning Scissors)를 개폐(開閉)하며 점차적으로 올라가면 두발 끝 길이가 자연스럽게 감소된다.

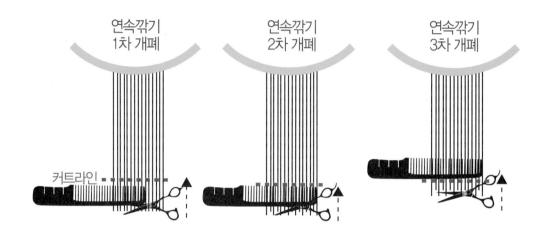

③ 커트 빗이 위로 올라가면서 커트된 두발이 순차적으로 밑으로 떨어져 쌓이면서 자연스러운 두발 층이 형성된다.
④ 이 기법은 두발길이 1㎝ 정도를 감소할 때 사용한다.
⑤ 연속깎기(Shingling) 기법으로 3회 이상 개폐(開閉)하면 두발길이가 감소된다.
⑥ 외곽선의 모양대로 틴닝 가위(Thinning Scissors)를 대고 같은 위치에서 반복적으로 개폐(開閉)해주면 두발 끝 단면이 들쑥날쑥하게 감소되어 자연스럽다.

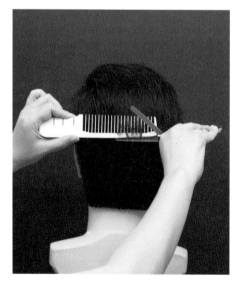

[연속깎기의 길이감소 기법]

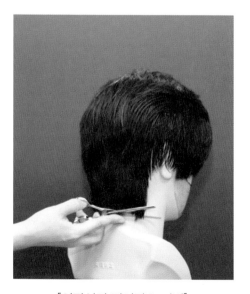

[외곽선의 길이감소 기법]

4) 두발의 숱 감소(숱음깎기) 기법

① 떠올려 깎기 기법으로 시술한다.
② 빗으로 두발 끝을 떠올린 후 틴닝 가위(Thinning Scissors)를 개폐(開閉)해 숱을 감소시키는 기법이다.
③ 두발길이 끝에서 1/3 정도 올라간 지점에 커트 빗을 대고 틴닝 가위를 밑으로 빼주면서 두발 숱의
정도에 따라 2~3회 개폐(開閉)해 내려온다.

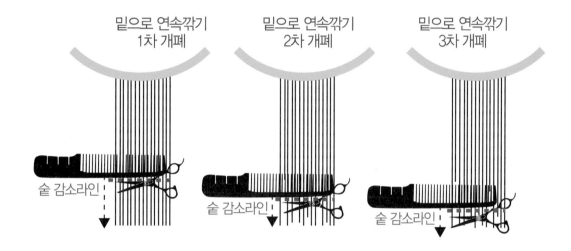

④ 두발의 전체적인 기장은 유지하면서 숱을 감소시켜 모량을 조절할 때 적용한다.
⑤ 반복 횟수가 많아지면 전체적인 두발 길이가 짧아질 수 있으므로 주의한다.

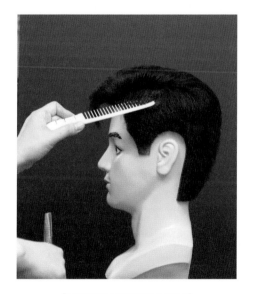

[커트라인 떠올리기 기법]

[커트라인에서 밑으로 진행]

⑥ 또한 두발을 빗으로 떠올려 뭉쳐있는 곳을 솎아 내거나 불필요한 두발을 감소한다.

[빗으로 떠올려 솎아내기]

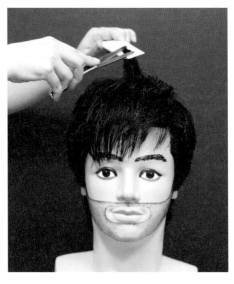

[두발 끝부분 솎아내기]

5) 두발표면 수정깎기

① 커트의 마지막 단계에서 두발의 표면을 수정깎기한다.
② 틴닝 가위(Thinning Scissors)의 날을 벌려 두상의 곡면을 따라 내려오면서 튀어나온 두발을 수정해 주는 기법이다.
③ 두발이 눌리지 않도록 커트된 두발 표면에서 가볍게 시술한다.

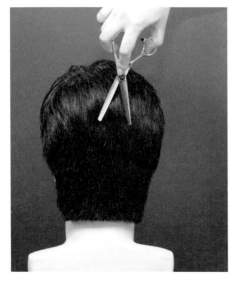

[인테리어 부위 표면깎기]

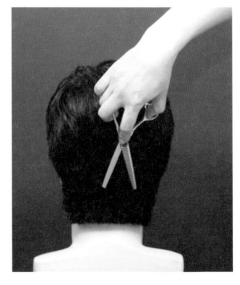

[익스테리어 부위 표면깎기]

4. 클리퍼 기법(Clipper Work)

1) 클리퍼(Clipper)의 원리

① 클리퍼(Clipper)는 프랑스 바리캉뜨(Mr. Bariquant)가 1870년경에 발명했다.
② 현대에는 디자인이 다양화되고 성능이 업그레이드되면서 전기를 이용해 두 날이 교차하며 두발을 집어 커트하는 기법으로 다양한 테크닉을 적용해 짧은 두발을 빠르고 간편하게 커트할 수 있는 중요한 기구이다.

2) 클리퍼(Clipper)의 종류

① 프로 클리퍼
ⓐ 두꺼운 두발과 보통두발을 커트할 때 적합하고 날의 길이를 조절하며 커트할 수 있다.
ⓑ 날을 구입 교체해 사용할 수 있는 장점이 있으나 고가의 가격이 단점이다.
② 장미 클리퍼
프로 클리퍼(Pro Clipper)와 토끼 클리퍼(Clipper) 사이에 중간 크기의 날로 얇은 두발이나 곱슬머리를 커트할 때 사용한다.
③ 토끼 클리퍼
목 부분과 귀 앞 구레나룻에 잔털을 제거하는 용도로써 면도기 대용으로 간편하게 사용한다.
④ 조각 클리퍼(Sculpture Clipper)
짧게 깎은 두발에 각종 문양을 새겨 넣을 때 사용하는 클리퍼(Clipper)로 날 폭이 좁고 배터리를 넣어 사용하는 제품이다.

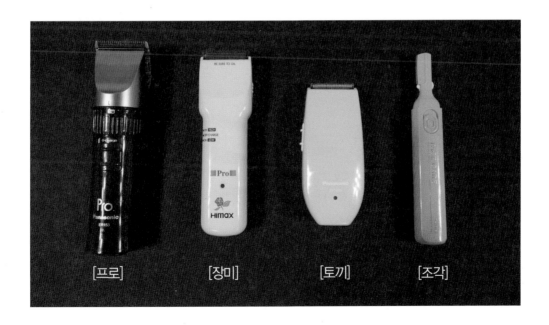

[프로]   [장미]   [토끼]   [조각]

3) 프로 클리퍼 기본기법

① 클리퍼(Clipper)를 잡는 방법은 사용용도에 따라 조금씩 다르다.

② 오른손 동작

    ⓐ 엄지손가락을 클리퍼(Clipper) 위에 얹는다.

    ⓑ 검지손가락 끝을 클리퍼(Clipper) 날 옆에 위치한다.

    ⓒ 남은 손가락은 클리퍼(Clipper) 밑 부분에 중심을 잡는다.

③ 왼손 동작

    ⓐ 검지손가락 끝을 클리퍼(Clipper) 날 옆에 위치한다.

    ⓑ 검지손가락과 중지손가락 사이에 커트 빗을 끼워 잡는다.

    ⓒ 클리퍼(Clipper) 동작 후 왼손에 잡은 커트 빗으로 깎은 두발 층을 확인한다.

[기본동작]

[기본동작 옆모습]

④ 팔목을 위로 올리지 말고 고객 쪽으로 향해 있는 클리퍼(Clipper) 날의 방향을 두상과 멀어지도록 팔목을 회전시켜야 두발이 위쪽으로 점차 길어지게 커트된다.

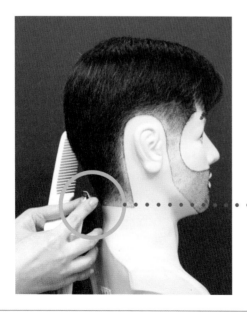

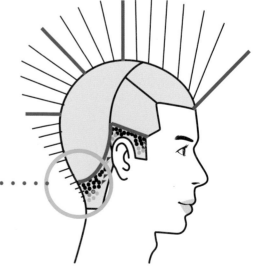

4) 프로 클리퍼 응용기법

① 오른손 엄지손가락을 클리퍼(Clipper) 위쪽에 얹고 검지손가락은 날 밑 경사진 부분에 위치한다.
② 오른손 세 개 손가락은 클리퍼(Clipper) 몸통 밑 부분에 중심을 잡는다.

 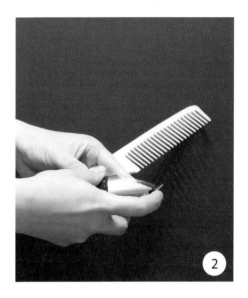

③ 왼손은 기본기법 동작과 동일하게 위치한다.
④ 보조 날을 끼워 크게 회전하면서 두발이 위로 더 길어지게 연결시킨다.

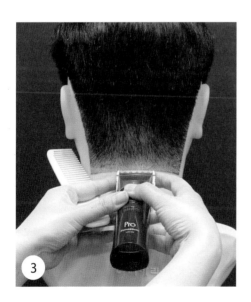 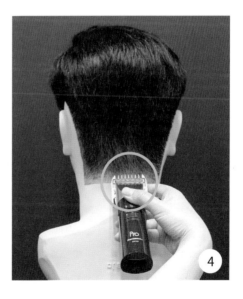

5) 프로 클리퍼 펜슬핸드(Pencil Hand) 기법

① 클리퍼(Clipper)를 펜(Pen)을 쥐듯이 잡고 팔목의 스냅(Snap)을 이용해 깎는다.
② 팔목을 안쪽으로 꺾어주면 두발이 위로 길어지게 깎이면서 높게 진행되지 못한다.

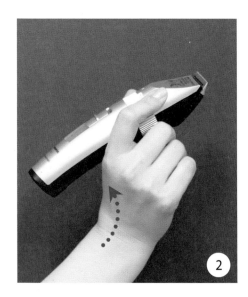

③ 상고머리 보통조발의 기준이 되는 네이프 라인(Nape Line) 위로 약3cm의 높이를 클리퍼(Clipper)로 팔목을 회전시켜 올려 깎는 기법이다.
④ 클리퍼(Clipper) 날의 길이를 단계적으로 조절하며 밑으로 점점 짧아지게 깎는다.
　ⓐ 클리퍼(Clipper) 날의 길이를 3mm로 조절하고 3cm 높이만 회전시켜 올려 깎는다.
　ⓑ 클리퍼(Clipper) 날의 길이를 2mm로 조절하고 2cm 높이만 회전시켜 올려 깎는다.
　ⓒ 클리퍼(Clipper) 날의 길이를 1mm로 조절하고 1cm 높이만 회전시켜 올려 깎는다.

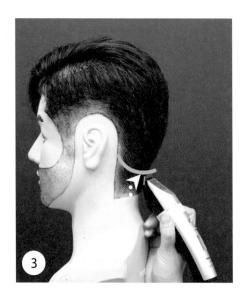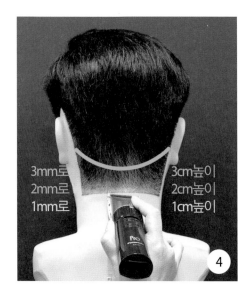

6) 프로 클리퍼 오버 콤(Clipper-Over-Comb) 기법

① 빗을 대고 빗 살 위로 튀어나온 두발을 커트하는 기법이다.

② 빗 등 밑에서 연속깎기(Shingling) 기법으로 시술한다.

③ 클리퍼(Clipper) 날이 빗등 밑에서 우측에서 좌측방향으로 진행하며 빗을 위로 올리면서 연속적으로 커트한다.

④ 연속깎기한 두발은 커트 빗을 돌려 표면빗질하며 층의 연결 상태를 확인한다.

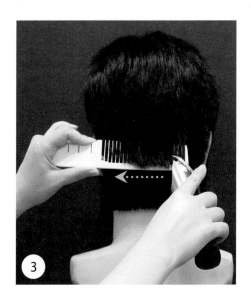 

⑤ 클리퍼(Clipper)의 보조 날을 끼워 연속깎기(Shingling) 기법으로 시술한다.

⑥ 조금 더디게 진행되는 단점이 있으나 틴닝 가위(Thinning Scissors)로 커트하는 효과가 있다.

⑦ 두발 숱이 적은 고객에게 적용한다.

⑧ 클리퍼(Clipper) 기법이 익숙하지 않은 시술자에게 적합하다.

7) 클리퍼(Clipper) 지간깎기 기법

① 클리퍼(Clipper) 날이 손가락위에서 지간깎기 기법으로 두발을 커트한다.
② 클리퍼(Clipper) 날의 방향이 약간 위쪽으로 휘어있어 뒤집어 사용하면 절삭력이 더 좋아진다.

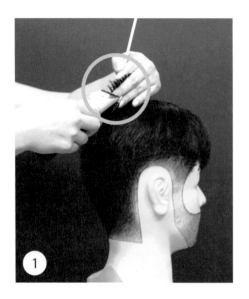 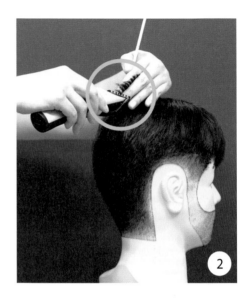

③ 보조 날을 끼워 사용하면 틴닝 가위(Thinning Scissors)의 효과를 얻을 수 있다.
④ 보조 날을 끼워 클리퍼(Clipper)를 뒤집어 사용할 수 있다.
⑤ 클리퍼(Clipper) 만으로 단시간 내에 커트를 완성할 수 있는 장점이 있다.

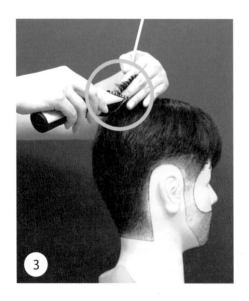 

8) 클리퍼(Clipper) 표면깎기 기법

① 클리퍼(Clipper)의 날을 가장 짧게 조절한 후 보조 날을 끼워 사용한다.

② 보조 날을 끼운 클리퍼(Clipper)를 뒤집어 커트 층의 표면을 따라 훑어 내린다.

③ 커트된 두발 층이 무겁게 쌓이거나 층이 고르지 못할 때 수정깎기한다.

④ 두발 층의 표면이 눌리지 않도록 경사진 곡면을 따라 가볍게 내려온다.

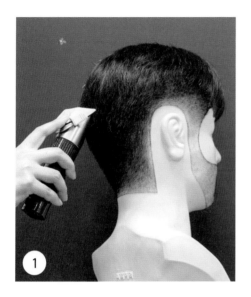 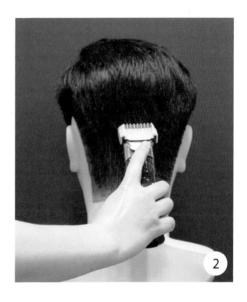

9) 장미 클리퍼(Clipper) 사용기법

① 곱슬머리 또는 얇은 두발을 커트할 때 사용한다.

② 클리퍼(Clipper) 날의 길이가 조절되지 않으므로 주의해 사용해야 한다.

③ 동작과 기법은 프로 클리퍼(Pro Clipper)와 동일하게 사용한다.

④ 클리퍼(Clipper)에 보조 날을 끼우고 아래 그림과 같이 클리퍼(Clipper)의 날 방향이 두상에서 점차적
으로 멀어지도록 팔목을 꺾어준다.

⑤ 팔목을 꺾어 회전시킨 각도만큼 두발은 위로 길어진다.

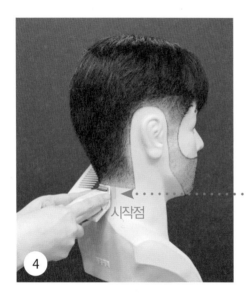
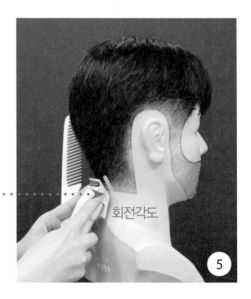

⑥ 클리퍼(Clipper) 로 올려 깎은 부위에 클리퍼 라인(Clipper Line)이 형성된다.

⑦ 보조 날을 끼워 무겁게 층이 쌓인 두발 끝을 곡면을 따라 가볍게 훑어준다.

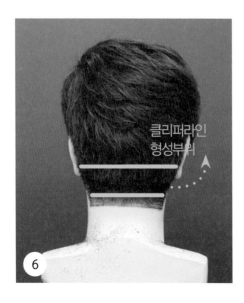
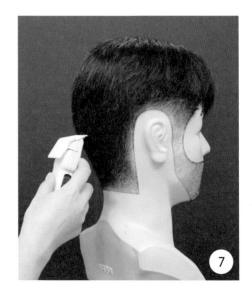

⑧ 클리퍼(Clipper) 날 밑에 오른손 검지손가락을 바싹 붙여 팔목을 꺾어서 회전시에 손톱부위가 두피 면에 닿게 운행하면 두발이 짧게 잘려나갈 위험이 감소된다.

⑨ 이 기법은 초보자에게 안전한 동작이다.

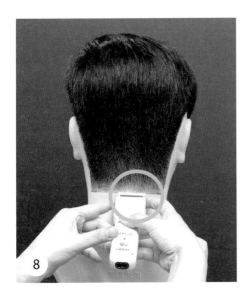
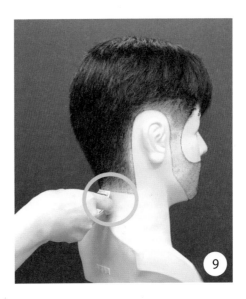

⑩ 클리퍼(Clipper)를 뒤집어 헤어라인(Hair Line) 외곽선 부위를 깨끗하게 정리한다.

⑪ 클리퍼(Clipper)의 날을 세워 경사지게 잡고 헤어라인(Hair Line) 안쪽에 두발은 깎이지 않게 하면서 외곽선에 두발을 짧게 정리하는 기법이다.

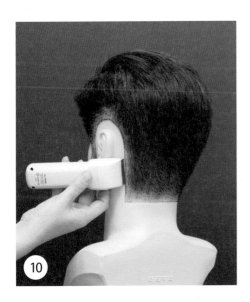
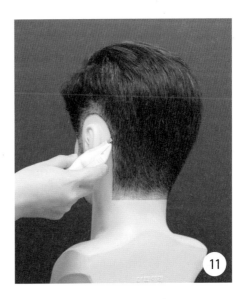

10) 토끼 클리퍼(Clipper) 기본기법

① 잔털을 제거하는 면도기 대용으로 간편하게 사용한다.

② 네이프라인(Nape Line) 등 헤어라인(Hair Line) 부위를 정리할 때 사용한다.

③ 클리퍼(Clipper) 날이 정교하게 배열되어 있어 자칫하면 두피가 하얗게 들어날 수 있으므로 세심한 주의가 필요하다.

④ 오른손으로 잡고 팔목에 힘을 빼고 가볍게 터치(Touch) 한다.

⑤ 네이프 라인(Nape Line)에서 바로 운행을 시작해 회전해야만 높이 깎이지 않는다.

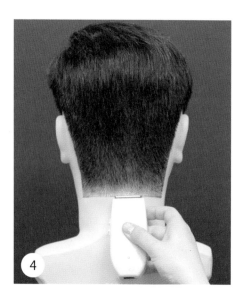
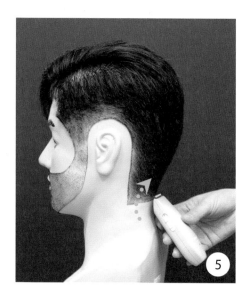

11) 토끼 클리퍼(Clipper) 응용기법

① 클리퍼(Clipper)날 밑에 검지손가락을 바싹 붙여 밀착시킨 후 운행한다.

② 회전하며 손가락이 두피 면을 스치게 됨으로 안전하다.

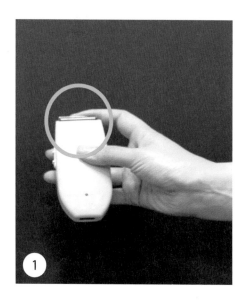
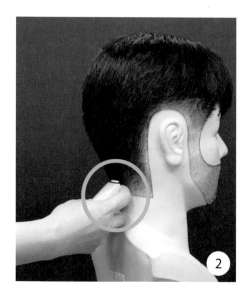

③ 클리퍼(Clipper)를 기본동작으로 잡고 네이프 라인(Nape Line)에서 1㎝ 정도 밑으로 내려서 위쪽으로 운행을 시작하면 높게 깎이는 위험이 덜하다.

④ 클리퍼(Clipper)를 뒤집어 1㎝ 정도 밑으로 내려서 위쪽으로 운행을 시작하면 더 안전하게 커트할 수 있다.

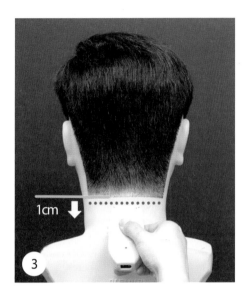
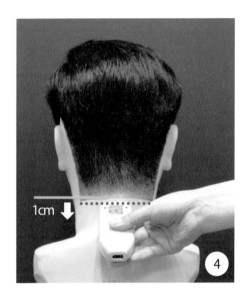

⑤ 클리퍼(Clipper)를 뒤집어 층 표면에 튀어나온 두발을 가볍게 훑어내려 준다.

⑥ 클리퍼(Clipper)를 뒤집어 구레나룻(Sideburns) 밑 부분 등 헤어라인(Hair Line) 밖에 있는 잔털 등을 깨끗하게 정리한다.

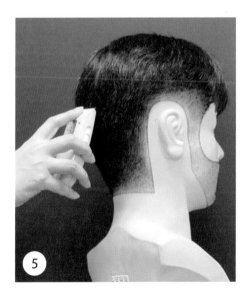
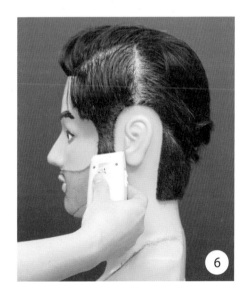

5. 레져(Razor)

1) 레져(Razor) 명칭

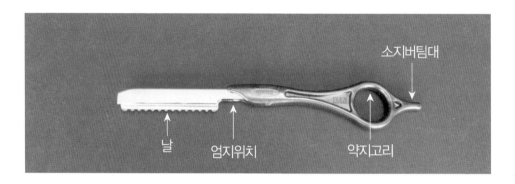

소지버팀대
날
엄지위치
약지고리

2) 레져(Razor) 잡는 법(기본기법)

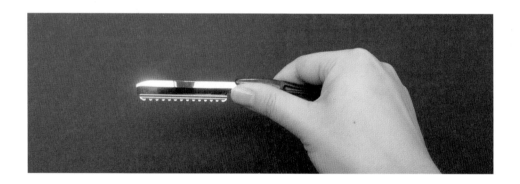

3) 레져 커트(Razor Cut)의 특징

① 두발 굵기의 직경을 비스듬히 제거하기 때문에 두발 끝이 가늘게 커트된다.
② 두발 숱의 부피감을 줄여주고 두발 끝에 움직임(인 컬 또는 아웃 컬)을 표현하고 싶을 때 사용하는 기법이다.

4) 레져 커트(Razor Cut) 기법

① 테이퍼링(Tapering)

　레져로 두발 끝을 점차 가늘게 커트하는 기법으로 페더링(Feathering)이라고도 한다.

　ⓐ 엔드 테이퍼(End Taper) — Short Taper

　　두발길이의 1/3 이내를 점차 가늘게 커트하는 기법이다.

　ⓑ 노말 테이퍼(Normal Taper) — Medium Taper

　　두발길이의 1/2 이내를 점차 가늘게 커트하는 기법이다.

　ⓒ 딥 테이퍼(Deep Taper) — Long Taper

　　두발길이의 2/3 이내를 점차 가늘게 커트하는 기법이다.

② 아킹(Arching)

　ⓐ 레져로 두발 안쪽에서 호를 그려 테이퍼링(Tapering)하는 기법이다.

　ⓑ 위쪽이 길고 아래쪽이 짧아 인 컬(안 마름 형태)을 원할 때 사용한다.

③ 에칭(Etching)

　ⓐ 표면에서 짧게 긁듯이 하여 커트하는 기법이다.

　ⓑ 위쪽의 길이가 짧고 아래쪽이 길게 커트되어 아웃 컬을(겉마름 형태) 원할 때 사용 한다.

④ 감자 깎기

　두발의 판넬(Panel)을 잡고 질감 표현을 하는 기법이다.

⑤ 레져 로테이션(Razor Rotation) 기법

　ⓐ 레져(Razor)를 기본기법으로 잡는다.

　ⓑ 레져(Razor)와 커트 빗을 위아래로 원을 그리듯이 회전하며 튀어나온 두발 끝이 잘려나가게 한다.

　ⓒ 한꺼번에 지나치게 잘려나갈 위험이 있으므로 팔목에 힘을 빼고 손에 힘 조절을 고르게 한다.

　ⓓ 커트한 두발 표면에 층이 고르지 않거나 튀어나온 두발을 살짝 쓰다듬어 주듯 훑어내 주는 기법이다.

MEN'S CUT MASTER

상고머리 커트기법

CHAPTER

02

Section I 상고머리의 정의와 종류

1. 상고머리(Flattop)의 정의

1) 상고머리(Flattop)

① 앞머리만 약간 길게 놓아두고 옆머리와 뒷머리를 짧게 치켜 올려 깎고 정수리 부분은 편평(Flat)
   하게 다듬는 스타일을 말한다.
② 상고머리(Flattop) 스타일의 두발 길이는 그라데이션(Gradation) 형태이다.
③ 그라데이션(Gradation)의 사전적 의미는 점차적으로 단계적으로 점점 더 이다.
④ 그라데이션(Gradation)의 미용적 의미는 두발이 위쪽으로 점차적으로 길어지는 스타일을 말한다.
⑤ 대부분의 남성들 헤어스타일은 상고머리형으로 볼 수 있다.

2) 상고머리(Flattop) 장발 스타일의 정의

① 상고머리(Flattop) 장발 스타일은 사이드라인(Side Line)과 네이프라인(Nape Line) 밑으로 두발이
   1cm~3cm 내려오게 깎는 스타일을 말한다.
② 네이프라인(Nape Line)으로부터 내려오는 두발 길이에 따라 하장발, 중장발, 상장발 스타일로 구분한다.
③ 헤어라인(Hair Line) 안쪽에서 두피가 보이지 않는다.

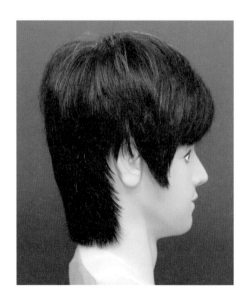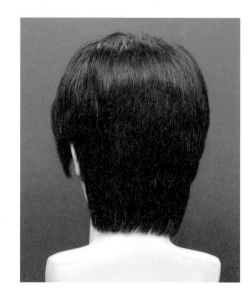

3) 상고머리(Flattop) 기본 스타일의 정의

① 상고머리(Flattop) 기본 스타일(Style)은 사이드라인(Side Line)과 네이프라인(Nape Line) 위로 두발을 짧게 올려 깎은 머리모양을 말한다.

② 네이프라인(Nape Line)으로부터 두피가 보이는 높이에 따라 하조발, 중조발, 상조발로 구분한다.

③ 두피가 보이는 부분과 보이지 않기 시작하는 경계부분을 접합선 또는 클리퍼라인(Clipper Line)이라 한다.

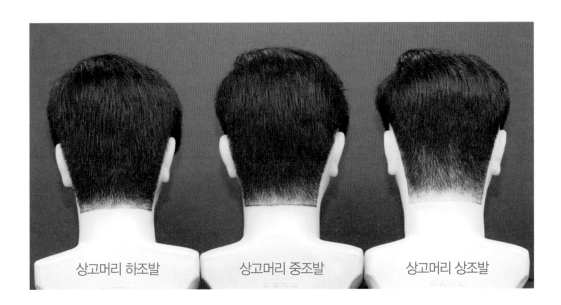

상고머리 하조발   상고머리 중조발   상고머리 상조발

2. 상고머리(Flattop) 장발 스타일의 종류

1) 상고머리(Flattop) 하장발

① 스타일(Style)의 개요

커트된 두발 끝이 층의 흐름으로 연결되며 위쪽으로 두발이 점차적으로 길어지면서 헤어라인(Hair Line) 안쪽에서 두피가 보이지 않는다.

② 사이드라인(Side Line) 두발길이 : 3cm

③ 네이프라인(Nape Line) 두발길이 : 3cm

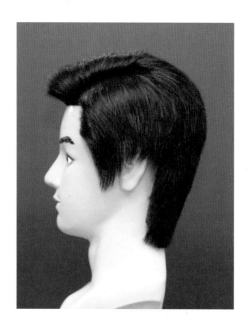

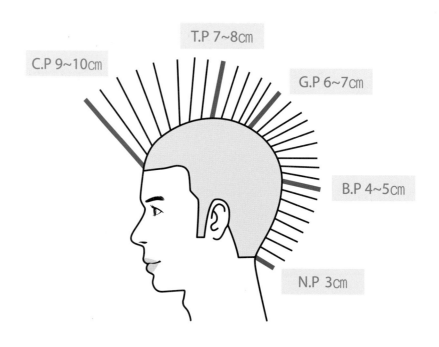

C.P 9~10cm

T.P 7~8cm

G.P 6~7cm

B.P 4~5cm

N.P 3cm

2) 상고머리(Flattop) 중장발

① 스타일(Style)의 개요

　커트된 두발 끝이 층의 흐름으로 연결되며 위쪽으로 두발이 점차적으로 길어지면서 헤어라인(Hair Line) 안

　쪽에서 두피가 보이지 않는다.

② 사이드라인(Side Line) 두발길이 : 2㎝

③ 네이프라인(Nape Line) 두발길이 : 2㎝

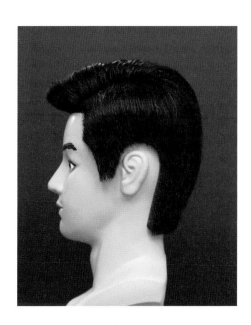

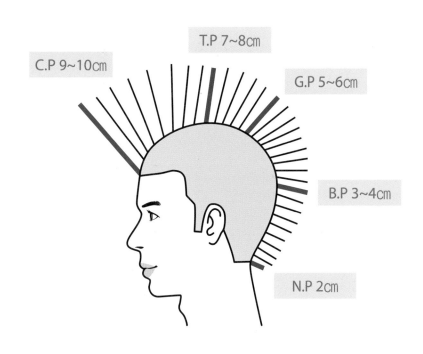

C.P 9~10㎝

T.P 7~8㎝

G.P 5~6㎝

B.P 3~4㎝

N.P 2㎝

3) 상고머리(Flattop) 상장발

① 스타일(Style)의 개요

커트된 두발 끝이 층의 흐름으로 연결되며 위쪽으로 두발이 점차적으로 길어지면서 헤어라인(Hair Line) 안쪽에서 두피가 보이지 않는다.

② 사이드라인(Side Line) 두발길이 : 1㎝

③ 네이프라인(Nape Line) 두발길이 : 1㎝

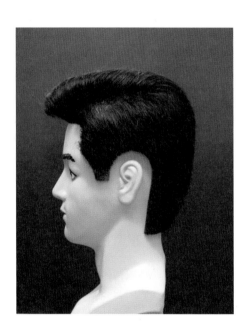

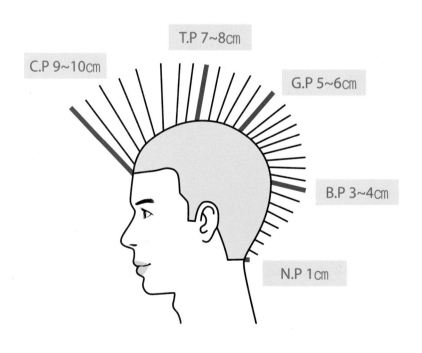

C.P 9~10㎝

T.P 7~8㎝

G.P 5~6㎝

B.P 3~4㎝

N.P 1㎝

3. 상고머리(Flattop) 기본 스타일의 종류

1) 상고머리(Flattop) 하조발

① 스타일(Style)의 개요

상고머리(Flattop) 하조발은 사이드라인(Side Line) 위로 0~1㎝, 네이프라인(Nape Line) 위로 1~2㎝를 짧게 올려 깎은 부위에 클리퍼라인(Clipper Line)이 형성되고 그 위로부터는 커트한 두발 끝이 층으로 연결되면서 점차적으로 길어지는 스타일이다.

② 하조발의 클리퍼라인(Clipper Line) 높이는 다음과 같다.

ⓐ 사이드라인(Side Line) 위로 0~1㎝ 올라간다.

ⓑ 네이프라인(Nape Line) 위로 1~2㎝ 올라간다.

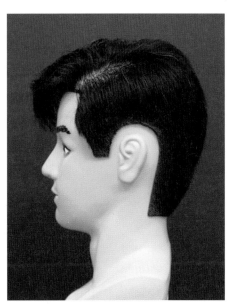

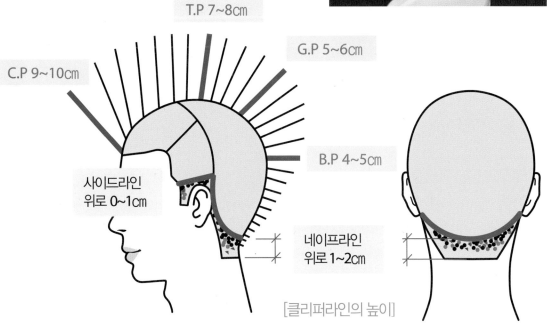

T.P 7~8㎝

G.P 5~6㎝

C.P 9~10㎝

B.P 4~5㎝

사이드라인
위로 0~1㎝

네이프라인
위로 1~2㎝

[클리퍼라인의 높이]

2) 상고머리(Flattop) 중(보통)조발

① 스타일(Style)의 개요

상고머리(Flattop) 중(보통)조발은 사이드라인(Side Line) 위로 1~2㎝, 네이프라인(Nape Line) 위로 2~3㎝를 짧게 올려 깎은 부위에 클리퍼라인(Clipper Line)이 형성되고 그 위로부터는 커트한 두발 끝이 층으로 연결되면서 점차적으로 길어지는 스타일이다.

② 중(보통)조발의 클리퍼라인(Clipper Line) 높이는 다음과 같다.
ⓐ 사이드라인(Side Line) 위로 1~2㎝ 올라간다.
ⓑ 네이프라인(Nape Line) 위로 2~3㎝ 올라간다.

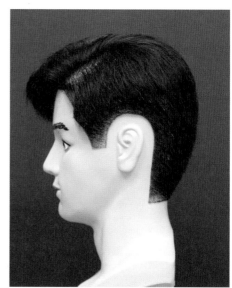

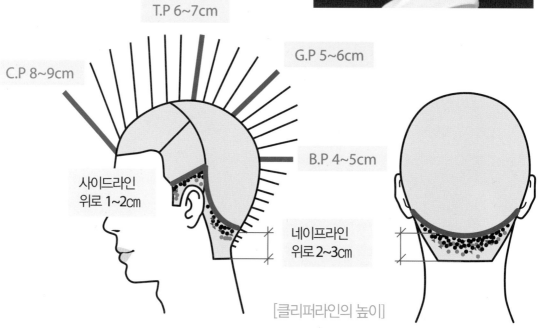

T.P 6~7cm

G.P 5~6cm

C.P 8~9cm

B.P 4~5cm

사이드라인
위로 1~2cm

네이프라인
위로 2~3cm

[클리퍼라인의 높이]

3) 상고머리(Flattop) 상조발

① 스타일(Style)의 개요

상고머리(Flattop) 상조발은 사이드라인(Side Line) 위로 2~3cm, 네이프라인(Nape Line) 위로 3~4cm를 짧게 올려 깎은 부위에 클리퍼라인(Clipper Line)이 형성되고 그 위로부터는 커트한 두발 끝이 층으로 연결되면서 점차적으로 길어지는 스타일이다.

② 상조발의 클리퍼라인(Clipper Line) 높이는 다음과 같다.

ⓐ 사이드라인(Side Line) 위로 2~3cm 올라간다.

ⓑ 네이프라인(Nape Line) 위로 3~4cm 올라간다.

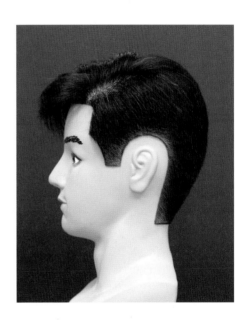

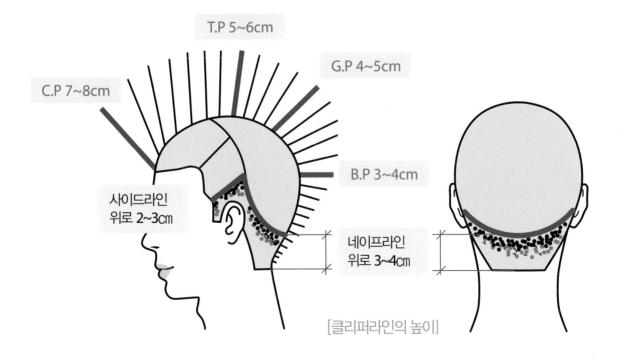

[클리퍼라인의 높이]

Section Ⅱ   상고머리 스타일 분석

1. 스타일(Style)

1) 두발길이

① 두발길이는 그라데이션(Gradation) 형태로 아래 그림과 같이 위쪽으로 점점 더 길어지게 커트한다.

② 두발을 위로 길어지게 그라데이션(Gradation) 형태로 커트하며 두발길이의 연결 상태를 확인한다.

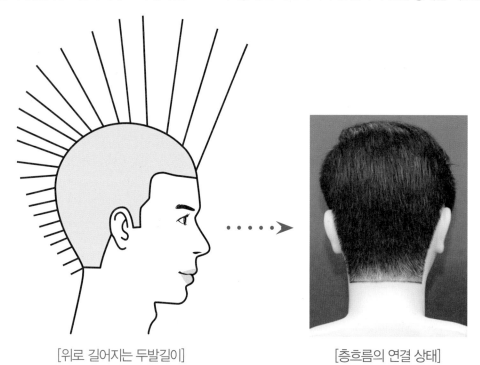

[위로 길어지는 두발길이]   [층흐름의 연결 상태]

2) 층의 형태

① 두발이 중력에 의해 자연 그대로 밑으로 떨어졌을 때에 두발 끝 층흐름의 연결 상태가 커트의 최종 단계이다.

② 그러므로 두상의 옆면과 뒷면에서 두발 끝 층흐름이 일정하게 연결되도록 하기 위해 표면 빗질을 반복해 확인하며 커트한다.

③ 표면 빗질은 두상의 곡면을 따라 커트 빗을 눕혀 가볍게 빗질한다.

2. 두발이 길어지는 빈도

1) 클리퍼라인(Clipper Line) 밑 부분

① 네이프라인(Nape Line)에 두발길이를 0㎝로 시작해 클리퍼(Clipper)로 짧게 올려 깎는다.

② 클리퍼(Clipper) 작업구간이 끝난 부위 3㎝ 높이에 클리퍼라인(Clipper Line)이 형성된다.

③ 클리퍼라인(Clipper Line)이 형성된 두발의 길이는 1㎝±이다.

④ 네이프라인(Nape Line)으로부터 3㎝ 올라간 지점에 두발이 1㎝± 길어졌다면 두발은 아주 조금씩 길어진 것이다.

⑤ 위로 조금씩 길어진 두발로 인해 두피가 보이는 부분이 점차적으로 줄어들고 색상이 점점 더 검게 보인다.

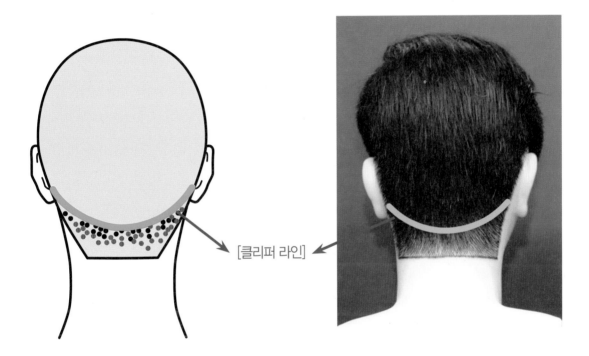

[클리퍼 라인]

⑥ 클리퍼(Clipper) 작동기법을 숙련하여 능수능란하게 다룰 줄 알아야만 가능한 기술이다.

⑦ 소밀깎기 기법으로 클리퍼(Clipper)로 올려 깎은 것처럼 시술할 수 있다.

2) 클리퍼라인(Clipper Line) 윗부분

① 두피가 보이지 않고 층이 연속적으로 보이는 부분이다.

② 클리퍼라인(Clipper Line)에 두발길이를 1㎝±로 시작해 백 포인트(B.P)부위로 점점 더 길어지게 (두발 길이 3~4㎝) 커트하고 두발 끝이 층의 흐름으로 연결되게 한다.

③ 클리퍼라인(Clipper Line) 밑 부분에 길어졌던 빈도보다 같은 범위의 높이에 두발이 2~3배 길어지게 커트한다.

④ 자연시술각 60°~80°로 두발이 커트 빗살에 꽂혀지게 한 후 연속깎기(Shingling)한다.

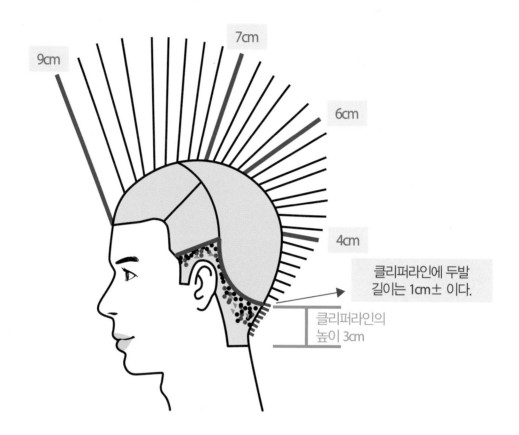

클리퍼라인에 두발 길이는 1cm± 이다.

클리퍼라인의 높이 3cm

⑤ 백 포인트(B.P)를 기점으로 두상이 위쪽으로 휘어지고 두발은 중력에 의해 밑으로 떨어지게 됨으로 두상 위로 올라 갈수록 두발은 더 빈도 높게 길게 커트되어야 한다.

⑥ 그러므로 일반시술각 60°~80°로 두발을 들어 두피로부터 두발이 길어지는 것을 확인하면서 지간 깎기한다.

3. 연속깎기(Shingling)의 원리

1) 두발이 길어지는 원리

① 두피와 빗살 끝의 간격만큼 두발은 길어진다.

② 네이프라인(Nape Line)으로부터 빗이 위로 진행되면서 빗살 끝이 두피 면으로 부터 점점 멀어지도록 간격을 넓혀주며 진행한다.

③ 두발 끝이 빗 등에서 커트되고 빗살 끝은 위로 올라가면서 두피로부터 멀어진 만큼 두발은 길어지게 된다.

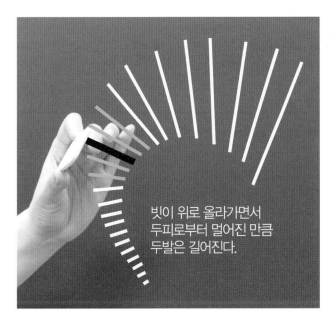

빗이 위로 올라가면서
두피로부터 멀어진 만큼
두발은 길어진다.

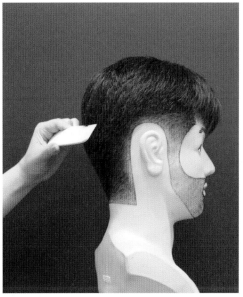

④ 두발이 길어지는 정도는 커트 후 두발 끝 층의 흐름을 표면 빗질한 후 연결상태를 확인하면서 길이를 조절한다.

2) 빗의 각도

① 네이프라인(Nape Line)에서 빗살 끝을 세워 두피에 바싹 붙여 소밀깎기 한다.
② 빗살 끝이 두피 쪽으로 45° 정도 경사지게 잡고 연속깎기(Shingling) 한다.

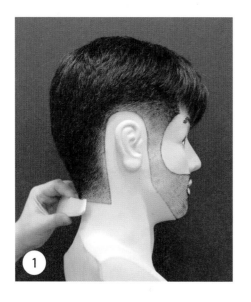
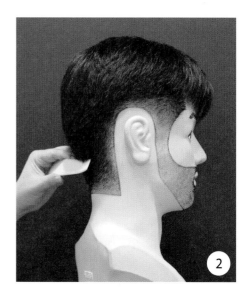

③ 두발이 길어지게 빗살 끝이 두피 쪽으로 점점 더 눕혀지게 잡고 위로 진행한다.
④ 두발이 길어지게 빗살 끝을 두피에서 조금씩 멀어지게 간격을 넓혀주며 위로 진행한다.

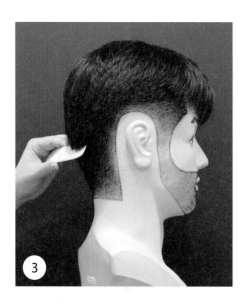
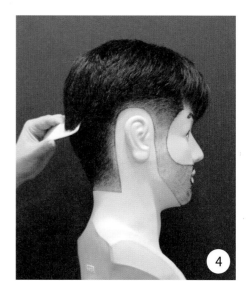

3) 층의 형성원리

① 두발의 층은 커트빗등 밑에서 만들어 진다.

② 커트될 두발이 빗살 위로 튀어 나오도록 빗을 밑에서 위로 넣는다.

③ 빗살 맨 아래쪽 부분에 먼저 커트된 두발 끝이 가이드라인으로 꽂히게 한다.

④ 커트 빗 몸 위에 얹혀진 커트될 두발길이를 확인한다.

⑤ 빗 몸 위에 보이는 두발을 빗을 위로 올리면서 빗등 밑에서 커트한다.

⑥ 빗을 차츰 위로 올리면서 빗 몸에 있는 커트할 두발을 가위 동작을 개폐(開閉)하며 커트한다.

⑦ 빗이 위로 진행되면서 가위조작 1회 개폐(開閉)에 커트된 두발과 2회 개폐(開閉)에 커트된 두발이 순차적으로 밑으로 떨어지면서 층이 형성된다.

⑧ 빗을 빼고 표면 빗질한 후 커트된 두발 끝 층의 상태를 확인하고 다시 연속깎기(Shingling) 동작을 반복한다.

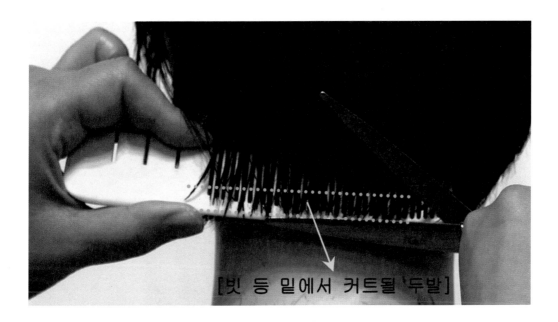

[빗 등 밑에서 커트될 두발]

⑨ 방금 커트한 두발은 다음 커트할 섹션(Section)에 가이드라인(Guideline)이 된다.

⑩ 층 간격을 표면 빗질로 확인한 후 두발 끝이 무거워 보이면 한 번 더 연속깎기(Shingling) 한다.

⑪ 연속깎기(Shingling) 동작의 손놀림을 능수능란하게 구사해야 한다.

Section Ⅲ 상고머리 부위별 커트기법

1. 앞머리 커트기법

1) 앞머리 범위

① 앞머리의 범위는 개인의 얼굴형과 스타일에 따라 다르게 설정된다.

② 가르마(Part)를 분배하는 위치에 따라서 이마넓이와 얼굴크기가 다르게 보인다.

2) 앞머리 형태

① 앞머리를 이마 쪽으로 자연스럽게 내려뜨려 센터 포인트(C.P)에 두발이 가장 길게 보이도록 커트한다.

② 앞머리가 양 사이드(Side)로 갈수록 점점 짧아져서 옆머리와 연결된다.

3) 가르마(Part) 분배와 종류

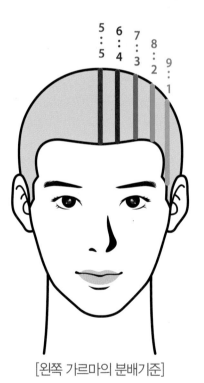

[왼쪽 가르마의 분배기준]

① 5:5 가운데가르마

    ⓐ 센터 포인트(C.P)에서 정중선(Center Line)을 기준으로 선을 가르는 것이다.

    ⓑ 얼굴이 길게 보이므로 둥근 얼굴형에 어울린다.

② 6:4 왼쪽가르마

    ⓐ 왼쪽 눈머리 시작점을 기준으로 선을 가르는 것이다.

    ⓑ 모난 얼굴형에 어울린다.

③ 7:3 왼쪽가르마

    ⓐ 왼쪽 눈 중심(눈동자)을 기준으로 선을 가르는 것이다.

    ⓑ 평균적인 얼굴형과 계란형 얼굴에 어울린다.

④ 8:2 왼쪽가르마

    ⓐ 왼쪽 눈꼬리를 기준으로 선을 가르는 것이다.

    ⓑ 이마가 넓게 보여 긴 얼굴형에 어울린다.

⑤ 9:1 왼쪽가르마

    ⓐ 왼쪽 눈꼬리와 귀 사이에 선을 가르는 것이다.

    ⓑ 상부에 머리가 없는 두피를 덮어 주기위해 긴 옆머리를 넘겨 빗는 것이다.

    ⓒ 9:1 가르마를 가르고 흐트러지지 않게 정돈한 후 커트한다.

    ⓓ 대머리형 얼굴형에 적용한다.

4) 앞머리 커트기법

① 앞머리는 페이스라인(Face Line)쪽 두발을 먼저 깎고 차츰 뒤쪽으로 진행한다.

② 센터 포인트(C.P)의 두발을 코 중간정도에서 커트한다.

③ 앞머리는 사람마다 이마의 넓이가 각각 다르므로 일률적으로 두발의 길이를 정해놓고 커트할 수 없다.

④ 페이스라인(Face Line) 위치에서 센터 포인트(C.P)의 두발을 코 중간 정도에 떨어지게 기준을 정하면 대략 눈썹과 눈 사이에서 커트라인이 형성된다.

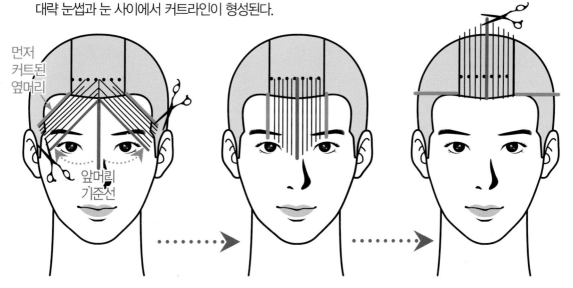

먼저
커트된
옆머리

앞머리
기준선

⑤ 센터 포인트(C.P) 앞머리 기준선과 먼저 커트된 양 사이드(Side) 옆머리가 서로 대각선 방향에서 평행하게 섹션(Section)을 잡고 커트한다.

⑥ 가르마(Part) 방향(왼쪽가르마, 오른쪽가르마)에 구분 없이 앞머리 좌우 옆 두발길이는 같아야 한다.

⑦ 페이스라인(Face Line)에 두발 전체를 위로 들어(일반시술각 80°~90°) 중심에 뾰족하게 튀어나온 두발을 조금만 커트해 주면 자연스럽게 앞머리 가이드라인이 완성된다.

⑧ 앞머리 가이드라인을 일반시술각 70°~80°로 뒤쪽으로 당기면서 두발이 조금씩 짧아지게 커트한다.

⑨ 앞머리 섹션은 각각 슬라이스(Slice)하지 않고 먼저 커트된 두발을 뒤쪽으로 끌어당겨 일반시술각 70°~80°로 들려지게 빗질하며 커트한다.

⑩ 페이스라인(Face Line)에 앞부분부터 뒤쪽으로 2~3번 빗질해 커트한 후 앞머리 마지막 부분은 뒷머리와 연결되어야 하므로 세로섹션으로 커트한다.

⑪ 앞머리 중앙부위를 뒤쪽으로 당겨서 커트하면 두피로부터 앞머리 양쪽 두발은 길어지게 커트되므로 지간깎기 기법으로 각도를 밑으로 내려 옆머리와 연결되게 다시 돌려깎기한다.

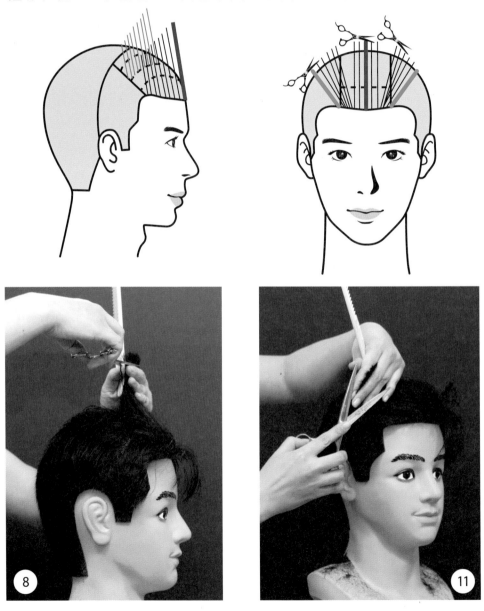

⑫ 매월 정기적으로 두발을 커트하는 고객의 예를 들어본다.

　ⓐ 두발은 하루에 0.35㎜ 정도 자라고 한 달이면 약 1㎝(0.35㎜×30일=10.5㎜) 자란다.

　ⓑ 그러므로 매월 정기적으로 커트하는 고객은 모든 두발길이에서 1㎝만 커트하면 된다.

　ⓒ 앞머리가 짧게 커트되지 않도록 1㎝의 두발이 잘려나갈 부위에 틴닝 가위(Thinning Scissors)를 반복적으로 개폐(開閉)시켜 1㎝의 두발길이만 감소시킨다.

　ⓓ 틴닝 가위(Thinning Scissors)로 두발 끝부분을 잘라내면 커트라인이 뭉뚝하지 않고 자연스럽게 커트된다.

　ⓔ 페이스라인(Face Line)의 두발부터 70°～80° 각도로 들어 1㎝를 감소시킨 후 뒤쪽으로 두발을 당기면서 이번에 커트될 두발이 먼저 커트된 두발 길이보다 1㎝만 손가락 위로 올라오도록 각도를 조절해 잡고 1㎝를 커트한다.

　ⓕ 위와 같은 방법으로 시술하면 전체적으로 1㎝의 두발길이만 감소할 수 있다.

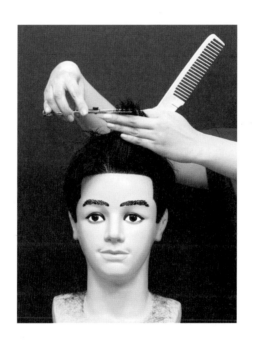

2. 옆머리 커트기법

1) 옆머리 형태

① 옆머리는 위로 차츰 길어지게 커트된다.

② 층 모양은 전대각(Concave) 형태를 이룬다.

③ 옆머리는 앞머리, 뒷머리, 구레나룻(Sideburns)와 모두 연결된다.

④ 특히 귀 상단 밑에 있는 구레나룻(Sideburns)와 자연스럽게 연결되려면 전대각(Concave) 섹션(Section)으로 슬라이스(Slice) 한다.

2) 옆머리 범위

① 귀 상단(사이드 라인-Side Line)은 사이드 코너 포인트(S.C.P)에서 이어 포인트(E.P)까지 헤어라인(Hair Line)의 가로선을 말한다.

② 귀 상단(사이드 라인-Side Line)에 뒤쪽 라인에서 위로 올라가 가르마(Part) 선과 만나는 지점까지 옆머리의 범위이다.

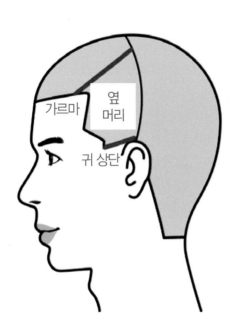

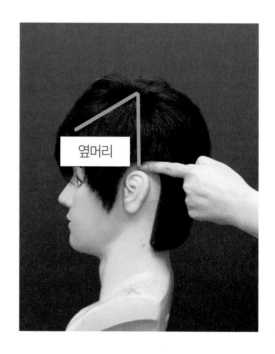

3) 옆머리 커트기법

① 전대각(Concave) 섹션과 평행하게 커트 빗을 대고 가위 동작을 넣는다.

② 옆머리와 구레나룻(Sideburns)가 자연스럽게 연결되게 한다.

③ 귀 상단에서 클리퍼라인(Clipper Line) 높이는 뒷머리 클리퍼라인 높이의 1/2~ 2/3정도 올라간다.

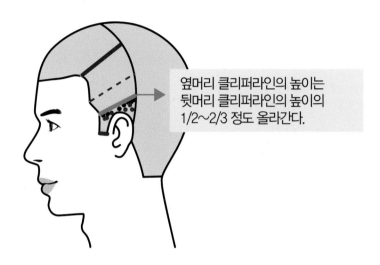

옆머리 클리퍼라인의 높이는
뒷머리 클리퍼라인의 높이의
1/2~2/3 정도 올라간다.

④ 좌우측 클리퍼라인(Clipper Line)의 높이가 동일하게 올라가도록 귀 상단에 커트 빗을 대고 높이를
가늠해 커트한다.

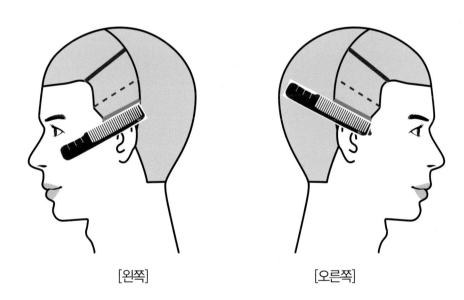

[왼쪽]   [오른쪽]

⑤ 구레나룻(Sideburns)와 연결되는 귀 상단 옆머리는 짧게 커트되는 두발로써 클리퍼(Clipper)로 올려 깎는다.

⑥ 클리퍼라인(Clipper Line) 위에 옆머리는 연속깎기(Shingling) 기법으로 깎는다.

⑦ 연속깎기(Shingling)한 윗부분에 남은 두발은 앞머리와 연결되도록 세로섹션으로 지간깎기 기법으로 돌려 깎는다.

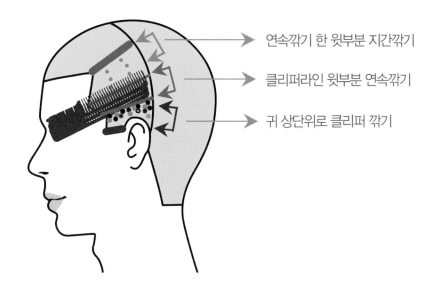

연속깎기 한 윗부분 지간깎기

클리퍼라인 윗부분 연속깎기

귀 상단위로 클리퍼 깎기

⑧ 가르마(Part) 방향(왼쪽가르마, 오른쪽가르마)에 구분 없이 양 사이드(Side)에 두발길이는 동일해야 한다.

3. 구레나룻(Sideburns) 커트기법

1) 구레나룻(Sideburns)의 정의

① 구레나룻의 사전적 의미는 귀밑에서 턱까지 잇따라 난 수염을 말한다.

② 수염의 종류는 다음과 같다.

ⓐ 짧은 구레나룻(Sideburns)

ⓑ 코밑수염(Mustache)

ⓒ 턱수염(Beard)이 있다.

③ 편의상 여기서는 귀의 얼굴 쪽 방향＝귀 앞으로 난 수염을 구레나룻으로 지칭하기로 한다.

2) 구레나룻(Sideburns)의 범위

① 귀 상단 밑에서 귀 볼 끝부분까지(귀 앞)가 구레나룻(Sideburns)의 범위이다.

② 귀 볼 끝에서 턱 방향 쪽으로는 턱수염(Beard)으로 칭한다.

③ 구레나룻(Sideburns)가 귀 상단에 옆머리와 연결되려면 전대각(Concave) 형태로 연결한다.

3) 구레나룻(Sideburns)의 종류

직선형, 표준형, 중장발형, 장발형으로 구분한다.

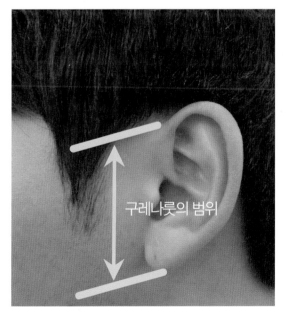

구레나룻의 범위

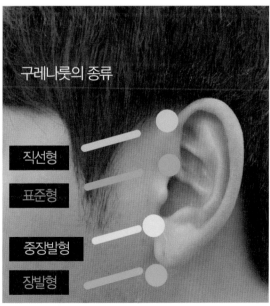

구레나룻의 종류

직선형
표준형
중장발형
장발형

4) 구레나룻(Sideburns) 종류별 형태

① 직선형 구레나룻(Sideburns)

    ⓐ 짧게 깎아 올리는 상 조발에 적용한다.

    ⓑ 스포츠형 조발에 잘 어울리는 모양이다.

    ⓒ 구레나룻(Sideburns)에 안경다리 자국이 생기는 것을 꺼려하는 고객에게 적용한다.

    ⓓ 얼굴형이 둥글게 보일 수 있어 마른 얼굴형에 어울린다.

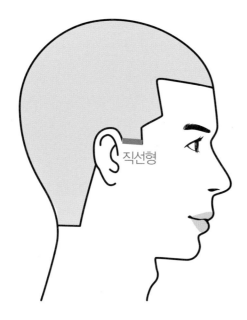
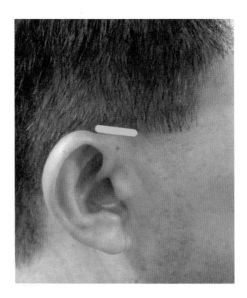

    ⓔ 귀 상단을 기준으로 한다.

    ⓕ 안경다리가 걸쳐지는 부위에 맞춰서 직선형으로 만든다.

    ⓖ 귀 앞으로는 구레나룻(Sideburns)가 없다.

    ⓗ 면도기나 토끼 클리퍼를 이용해 귀 상단 밑으로 깨끗하게 깎는다.

② 표준형 구레나룻(Sideburns)

　ⓐ 중조발(보통형)에 적용한다.

　ⓑ 사무직 스타일(정장을 착용하고 작업하는 화이트칼라 직업군)에 적용한다.

　ⓒ 이용기능사 실기시험과목 성인남자의 보통(중) 조발에 적용한다.

　ⓓ 보통의 얼굴형에 잘 어울린다.

　ⓔ 직선형 구레나룻(Sideburns)보다 얼굴이 약간 갸름해 보인다.

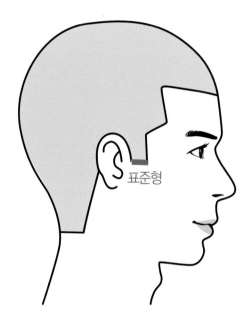
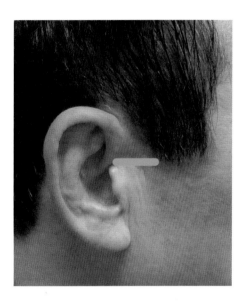

　ⓕ 이륜 기시부(Helical Root)

　　귓바퀴 돌기가 시작되는 지점에 홈이 패인부분을 기준으로 한다.

　ⓖ 얼굴 쪽으로 약간 내려가는 일직선으로 한다.

　ⓗ 면도기나 토끼 클리퍼로 홈 패인부분 밑 부분을 깨끗하게 정리한다.

③ 중장발형 구레나룻(Sideburns)

ⓐ 클리퍼(Clipper)를 사용하지 않는 긴 두발 스타일에 적용한다.

ⓑ 표준형 구레나룻(Sideburns)보다 얼굴이 갸름해 보인다.

ⓒ 청년층에게 주로 적용한다.

ⓓ 클리퍼(Clipper)를 사용하지 않는 중장발형과 상장발형(네이프라인의 두발길이가 1cm) 스타일에 적용한다.

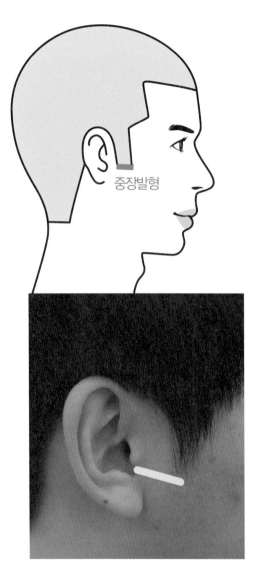

중장발형

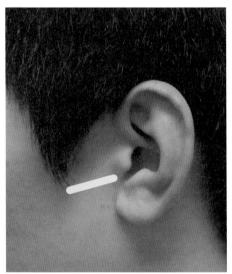

ⓔ 주간절흔(Intertragic Notch)

귓 구슬과 대이주 사이의 오목한 곳의 아래 부분을 기준으로 한다.

ⓕ 클리퍼(Clipper)를 사용하지 않고 틴닝 가위(Thinning Scissors)나 장 가위 끝을 이용해 밑으로 좁아지게 모양을 만들어 얼굴 쪽으로 붙여준다.

④ 장발형 구레나룻(Sideburns)
  ⓐ 클리퍼를 사용하지 않는 장발형(네이프라인(Nape Line)의 두발길이가 3cm) 스타일에 적용한다.
  ⓑ 중장발형 구레나룻(Sideburns)보다 얼굴이 많이 갸름해 보인다.

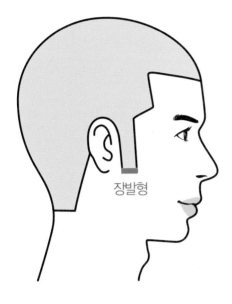

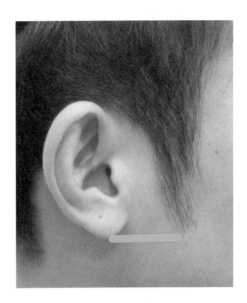

  ⓒ 귓불(Ear Lobe) 끝

    귓불(Ear Lobe) 끝부분을 기준으로 한다.

  ⓓ 밑으로 내려오면서 구레나룻(Sideburns)의 폭이 자연스럽게 좁아지게 만든다.

4. 뒷머리 커트기법

1) 뒷머리 외곽선(윤곽)의 형태

① 뒷머리 외곽선(윤곽)에 전체적인 모양은 한 조각 식빵 모양과 같다.

    ⓐ 네이프라인(Nape Line)

      일직선으로 커트한다.

    ⓑ 네이프 사이드라인(Nape Side Line)

      위쪽으로 약간씩 넓어지는 사선으로 커트한다.

    ⓒ 탑 포인트(T.P)

      탑 포인트(T.P)에서 양 사이드(side)로 둥글게 경사지게 내려와 네이프 사이드라인(Nape Side Line)
      과 연결시켜 커트한다.

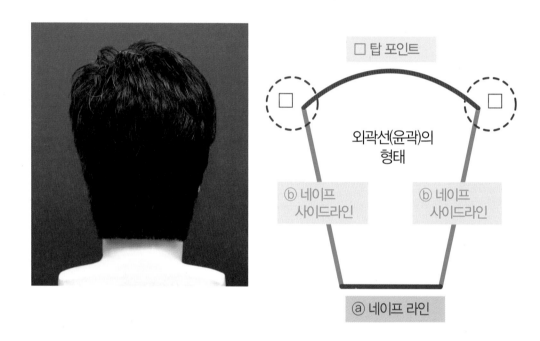

② 두상에 모서리 각진 부분은 두발 층의 경사도에 따라 약간씩 둥글게 굴려진 스퀘어 라운드(Square
Round) 모양으로 시술한다.

2) 뒷머리의 범위

① 앞머리와 좌우측 옆머리를 제외한 모든 두발을 뒷머리로 한다.

② 사람마다 스타일에 따라 조금씩 다르지만 대개의 경우 가마(Hair Whirl)로부터 두발 흐름의 방향에서 앞머리와 뒷머리를 구분한다.

③ 가마(Hair Whirl) 부위에 두발 흐름이 앞뒤로 나눠지는 곳에서부터 좌우측 이어 포인트(E.P) 또는 이어 백 포인트(E.B.P)까지를 뒷머리 범위로 한다.

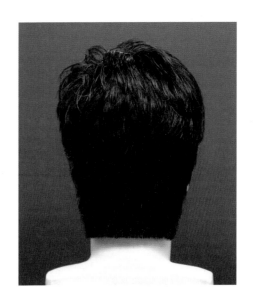

3) 층(속머리)의 형태

① 두발은 위로 진행되면서 점차적으로 길어진다.

② 두상 후면에서 볼 때 수평선상에서의 두발길이는 정중선(Center Line)에서 양 옆으로 가면서 점차적으로 짧아진다.

③ 두발 끝 층의 흐름은 후대각(Convex) 모양으로 쌓이게 된다.

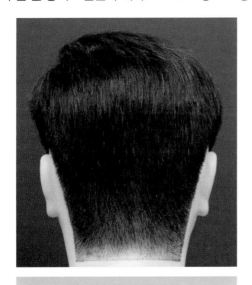

층의 연속적인 연결상태

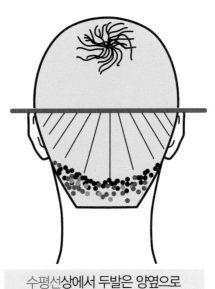

수평선상에서 두발은 양옆으로
점점 짧아진다.

4) 층의 커트기법

① 후대각(Convex)으로 커트된 양 사이드(Side)의 두발길이가 같아야 한다.

② 어느 위치에서도 두발이 위로 길어지면서 두발 끝이 층으로 연결되어야 한다.

③ 백센터 부위는 커트 빗을 아래 그림과 같이 일직선 평행으로 위로 진행한다.

④ 좌우측 백사이드(Back Side) 부위는 커트 빗을 사선으로 대고 위로 진행한다.

⑤ 부위에 맞는 커트 빗의 크기를 적용하며 연속깎기와 지간깎기 기법으로 두발을 커트하고 층이 일정한 간격으로 쌓여지게 한다.

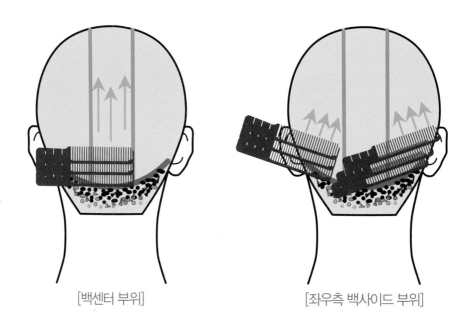

[백센터 부위]   [좌우측 백사이드 부위]

⑥ 가마(Hair Whirl) 부위

　　두발 뿌리의 일어섬과 돌아가는 방향으로 인해 커트된 두발 끝 라인이 위로 올라 가려는 성질로 인해 공기감이 심하게 형성되는 부위이다.

⑦ 백 포인트(B.P) 부위

　　두상의 골격이 도출되어 있고 두발은 밑으로 떨어지는 과정에서 들뜸 현상이 일어 날 수 있어 커트한 두발 끝선이 생각보다 더 위로 들려올라 갈 수 있다.

⑧ 흔히 뚜껑이라고 표현하는 리지(Ridge)는 두상골격의 곡면 부위가 급격히 변화되는 위치의 두발 끝이 밑으로 떨어져 겹쳐 쌓인 것이다.

⑨ 그러므로 가마(Hair Whirl)와 백 포인트(B.P) 부위에 두발을 커트할 때에는 들려지는 각도에 유의해야하며 낮은 각도로 커트한 후 밑으로 떨어진 커트라인에 연결 상태를 확인하면서 커트한다.

Section IV 상고머리 스타일 시술과정

1. 시술목적과 순서

1) 시술목적과 의의

① 헤어커트는 두발의 길이와 숱을 정돈하여 헤어스타일(Hair Style)을 완성할 수 있는 기초를 만들기 위함이며 헤어디자인(Hair Design)에 있어서 가장 중요한 기법이다.

② 헤어디자인(Hair Design)의 완성을 위해서는 가위와 빗을 잡는 방법, 시술자의 자세가 모두 안정되어야 한다.

2) 시술순서

헤어커트 시술과정은 머리형 스타일에 따라 다르게 적용되지만 기본 시술순서는 다음과 같다.

① 블로킹(Blocking)

두상의 골격과 모발의 양감 및 질감, 두발의 흐름(탄력성과 웨이브의 유무)상태 등 소재를 잘 파악한 후 그 스타일에 맞게 블로킹(Blocking)을 한다.

② 부위별 커트순서

ⓐ 후두부(Nape)

ⓑ 두정부(Crown)

ⓒ 측두부(Side)

ⓓ 전두부(Top) 순으로 커트를 시술한다.

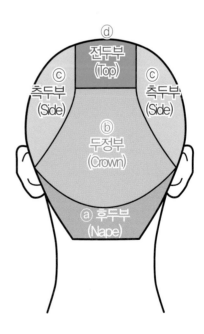

2. 커트하는 방법과 종류

1) 웨트 커트(Wet Cut)

두발을 적셔서 커트하는 방법이다.

① 두발을 손상시키지 않고 정확한 커트를 할 수 있다.

② 두발이 젖은 상태는 머리 모양이 뚜렷하게 나타난다.

③ 두발이 손과 가위에서 미끄러지지 않고 두발상태가 커트하기에 용이하다.

④ 레져(Razor)로 커트를 시술할 때 사용한다.

⑤ 두발에 습기가 없으면 고르지 못하게 커트되고 큐티클(Cuticle) 층이 손상되어 두발 끝이 갈라진다.

2) 드라이 커트(Dry Cut)

두발을 건조한 상태로 커트하는 방법이다.

① 웨이브(Wave)나 컬(Curl) 상태의 두발을 커트하는 경우에 사용한다.

② 지나치게 길이를 변화시키지 않고 수정하는 경우에 사용한다.

③ 전체적인 형태의 파악이 용이하도록 하는 경우에 사용한다.

④ 손상모 등을 간단하게 추려 내는 경우에 사용한다.

⑤ 스트로크 커트(Stroke Cut)를 시술하는 경우에 사용한다.

3) 프레 커트(Pre Cut)

퍼머넌트 웨이브(Permanent Wave)를 시술하기 위해 커트하는 방법이다.

① 두발길이를 원하는 디자인에 가깝게 하기 위한 커트 방법이다.
   (대개 원하는 디자인 보다 1~2㎝ 길게 커트한다)

② 가지런하지 않은 두발 길이를 정리하여 와인딩(Winding)하기 쉽도록 커트하는 방법이다.

③ 두발 숱이 너무 많을 때 로드에 와인딩(Winding)하기 쉽도록 두발 끝을 1~2㎝ 정도 테이퍼(Taper) 할 때의
   커트 방법이다.

4) 애프터 커트(After Cut)

퍼머넌트 웨이브(Permanent Wave) 시술 후 원하는 헤어디자인에 맞도록 수정 커트하는 방법이다.

3. 두상과 두발의 관찰

1) 두상의 관찰

① 두상의 골격과 구조 형태

두상의 크기나 백 포인트(B.P) 등의 도출 정도를 감안해 스타일을 구상한다.

② 두상 부위에 흉터 유무

ⓐ 두발에 물을 분무한 후 빗으로 두발을 빗기면서 흉터가 있는지를 파악한다.

ⓑ 흉터가 있는 고객이라면 스타일을 구상한 후 흉터가 가려지도록 흉터부위를 먼저 커트한 후 그 부위로부터 두발이 연결되도록 스타일을 완성한다.

2) 두발의 관찰

① 두발의 양감과 흐름

두발의 양감과 굵기, 손상 유무, 탄력성과 웨이브 상태, 머리결의 흐름, 탈모 등을 고려해 스타일을 선택하고 그에 맞는 기법을 적용해 시술한다.

② 두발의 성장방향

ⓐ 가마(Hair Whirl)

다수의 사람들은 가마(Hair Whirl) 주변의 두발이 시계 방향을 향하고 있다.

ⓑ 가르마(Part)

가마(Hair Whirl) 주변의 두발 방향에 따라 가르마(Part)가 만들어지는데 이 방향에 따라 두발을 빗어 넘기면 대체로 왼쪽 가르마(Left Part)가 형성된다.

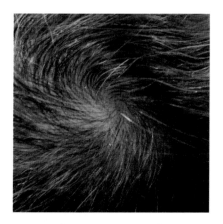
[다수인의 가마방향]

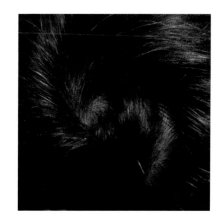
[쌍가마]

ⓒ 카우 릭(Cow-Lick)

이마위에 일어선 두발의 성장방향으로써 두발 흐름의 방향대로 빗어 넘겨서 짧게 커트해 드러내거나 길게 커트해서 두발 흐름을 커버(Cover)한다.

ⓓ 제비초리와 두발의 흐름

뒤통수나 앞이마의 한가운데에 뾰족이 내민 머리털로써 들어나 보이지 않도록 커트한다.

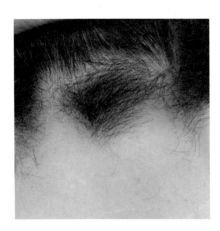

[제비초리]

[두발의 성장방향]

4. 두발정돈과 가르마(Part)

1) 물 뿌리기와 두발정돈

① 두피에 흉터 유무와 두발의 흐름을 파악하며 두발을 치켜 올린 후 떨어뜨리면서 분무한다.
② 분무기를 20～30㎝ 거리에서 안개처럼 보이도록 분사되어 물이 두발에 골고루 뿌려지게 한다.
③ 타월을 왼손에 고정시켜 잡고 오른손으로 좌우로 흔들면서 두발에 수분이 골고루 묻게 한다.

2) 오른손 빗질(가위잡기 전)

① 오른손으로 커트 빗을 잡는다.
② 빗살을 세워 두피까지 넣은 후 두발을 꼼꼼히 빗질한다.
③ 고객의 두피에 흉터가 있는지 등을 살핀다.
   (흉터가 있을 경우 흉터가 있는 부위가 가려지도록 커트한 후 차츰 다른 쪽으로 이동하며 가려진
   두발과 연결되게 커트해야한다.)
④ 접힌 두발이 있으면 물을 분무해 가지런히 펴준 후 커트한다.
⑤ 스프레이(Spray) 등 헤어제품이 묻어있는 고객은 샴푸 후 커트한다.

3) 가르마(Part)

① 사람마다 각기 후상부의 가마 부분에서 가르마를 탈 수 있는 방향을 제시해 주고 있는데 가마의
   중심으로 좌우측 가르마 또는 앞가르마로 나뉘게 된다.
② 가르마(Part) 넓이는 머릿결과 앞이마의 넓이에 따라 결정된다.
③ 가르마(Part) 선은 정중선(Center Line) 중심에서 외각(옆)으로 갈수록 앞이마가 넓어 보인다.
④ 가르마(Part) 빗질하기
   ⓐ 탑 포인트(T.P)쪽의 두발을 앞이마 쪽을 향해 빗겨 내린다.
   ⓑ 가르마(Part)의 폭을 가늠해 뒤쪽에서 앞쪽으로 선을 가른다.
   ⓒ 가르마(Part) 중심에서 양쪽을 반대방향으로 빗질하여 정돈 한다.

5. 커트시술의 진행단계

1) 도구별 진행단계

① 앞머리

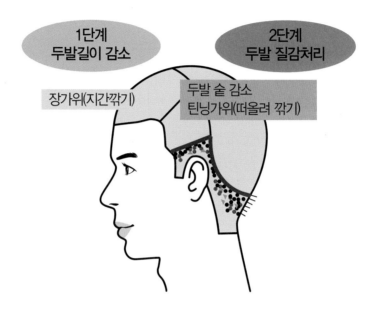

② 옆머리

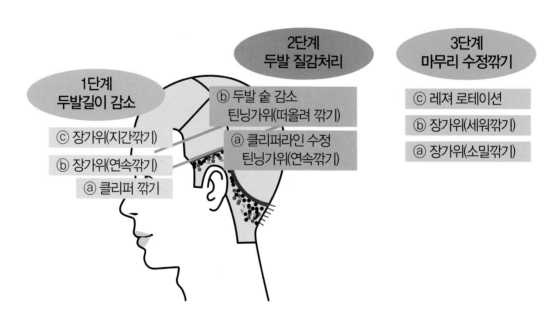

③ 뒷머리

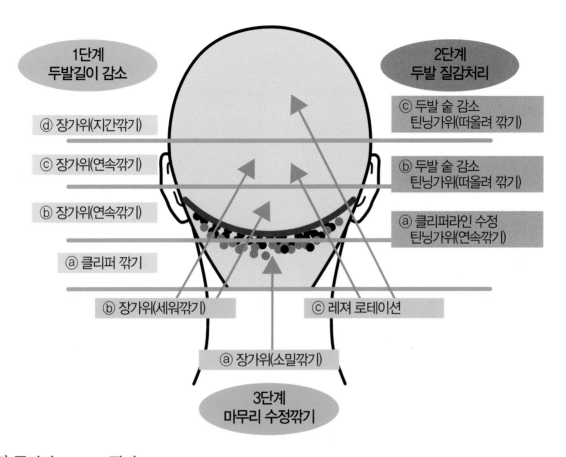

2) 클리퍼(Clipper) 깎기

① 네이프라인(Nape Line)에서 2cm~3cm를 클리퍼(Clipper)로 올려 깎기 한다.
② 사이드라인(Side Line)에서 1cm~2cm를 클리퍼(Clipper)로 올려 깎기 한다.
③ 클리퍼(Clipper)의 운행각도는 두피에 대해 0°로 시작해 차츰 팔목을 회전시켜 20°, 40°로 간격이 벌어지면서 두발이 위쪽으로 길어지게 조작한다.
④ 위쪽으로 두발이 미세하게 길어지면서 두피색조가 점점 더 진하게 보인다.

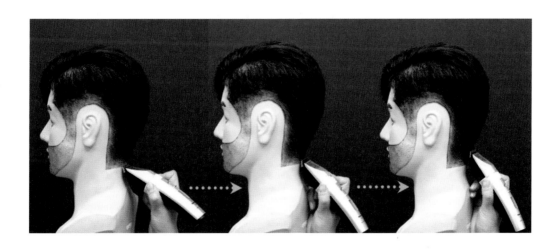

3) 틴닝 가위(Thinning Scissors) 깎기

① 두발의 길이 감소 — 연속깎기(Shingling) 기법
    ⓐ 클리퍼라인(Clipper Line)을 연속깎기(Shingling) 기법으로 수정한다.
    ⓑ 두발 길이가 많이 감소되지 않도록 주의한다.

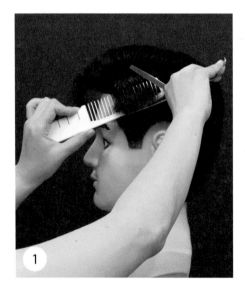 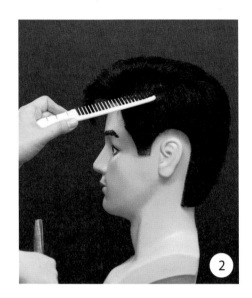

② 두발 숱 치기(숱음깎기) — 떠올려 깎기 기법
    ⓐ 두발의 숱과 길이를 떠올려 깎기한다.
    ⓑ 빗으로 두발길이 1/3 끝 지점을 떠올려서 틴닝 가위(Thinning Scissors)를 2～3회 개폐(開閉)시켜 내려오면서 두발 숱을 감소시킨다.
    ⓒ 가르마 좌측 옆머리(측두부)부터 시작해 네이프(후두부) → 두정부 → 우측 옆머리(측두부) → 앞머리(전두부) 순으로 깎는다.
    ⓓ 잦은 표면 빗질 확인으로 질감을 잘 파악하면서 깎는다.
    ⓔ 페이스라인(Face Line) 부위는 짧은 두발이 얼굴 쪽으로 튀어 나올 수 있으므로 숱 치기(숱음깎기)를 하지 않는다.

4) 장 가위 깎기

① 소밀깎기
    클리퍼(Clipper) 깎기 한 부분을 소형 빗을 이용해 세밀하게 다듬는다.
② 연속깎기(Shingling)
    익스테리어(Exterior) 부위에 두발을 연속깎기(Shingling)한다.
③ 떠올려 깎기(떠내 깎기)
    인테리어(Interior) 부위에 두발을 떠올려 깎기한다.
④ 지간깎기
    전두부 주변을 지간깎기 한다.
⑤ 세워깎기
    익스테리어(Exterior) 부위와 옆머리에 튀어나온 두발을 세워깎기 기법으로 수정한다.

5) 수정 깎기

① 파우더 바르기
- ⓐ 파우더를 두발 표면에 바르고 요철의 높낮이를 확인한다.
- ⓑ 파우더는 분통에 전분가루 또는 옥수수가루를 넣어 사용하고 손에 힘을 빼고 고르게 바른다.
- ⓒ 튀어나온 두발은 하얗게 보이고 짧게 깎인 두발은 움푹 들어가 검게 보인다.
- ⓓ 파우더가 하얗게 보이는 두발을 검게 보이는 움푹 들어간 두발 표면과 맞춰지도록 수정깎기 한다.

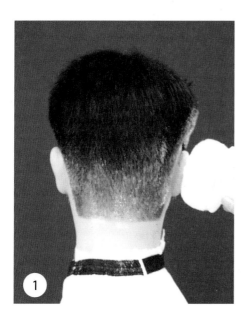 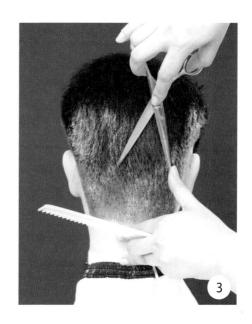

② 소밀깎기

클리퍼(Clipper) 깎기 한 부분에 장 가위 끝부분과 소형 커트빗을 이용해 다듬는다.

③ 세워깎기

오른쪽에서 왼쪽으로 턴(Turn)하면서 밀어 깎기와 당겨 깎기 기법으로 튀어나온 두발을 세심히 다듬는다.

④ 레져 로테이션(Razor Rotation) 깎기

왼손으로 두발 표면을 빗질해 내려가면서 레져(Razor) 날의 각도를 최소화하여(표면 빗질하듯이) 튀어나온 두발을 쓰다듬듯이 훑어내어 수정깎기 한다.

6) 뒷면도 시술

① 뒷면도 시술 부위는 다음과 같다.
　구레나룻(Sideburns) 밑 라인으로부터 사이드라인(Side Line)과 네이프 사이드라인(Nape Side Line), 네이프라인(Nape Line)까지의 범위이다.

 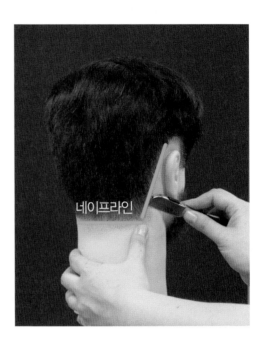

② 면도 로숀을 바르고 잔털을 깨끗하게 정리한다.
③ 면도기 운행시 왼손으로 피부를 당겨서 펴준 후 면도기 날이 지나가게 한다.
④ 면도기 사용 기법이 숙련되지 않을 경우 토끼 클리퍼를 사용한다.

MEN'S CUT MASTER

CHAPTER 03

남성커트 실기

Section I　상고머리 장발스타일

1. 상고머리 하장발 커트

1) 스타일(Style)

① 상고머리 장발 스타일 중 두발길이(네이프라인 3cm)가 가장 길다.
② 이 스타일은 남성들 중 비교적 길게 커트하는 두발의 길이라고 볼 수 있다.

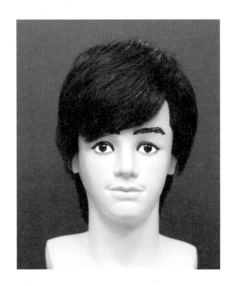
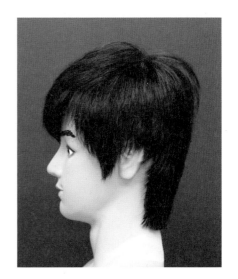
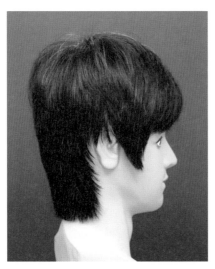
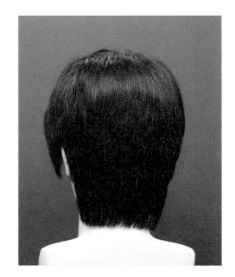

2) 시술개요

① 상고머리 스타일 중 두발길이가 전체적으로 가장 긴 스타일이다.

② 청년층과 중장년층 남성들 중 비교적 길게 커트하는 두발길이이다.

③ 모든 두발에서 층의 흐름이 연속적이고 위쪽으로 두발은 점점 길어진다.

④ 구레나룻(Sideburns)은 장발형으로 시술한다.

⑤ 부위별 가이드라인(Guide Line)의 두발길이는 다음과 같다.

　　ⓐ 네이프라인(Nape Line) 두발길이 3cm

　　ⓑ 사이드라인(Side Line) 두발길이 3cm

　　ⓒ 센터 포인트(C.P) 두발길이 9~10cm

　　이마 넓이에 따라서 앞머리의 두발길이는 달라질 수 있다.

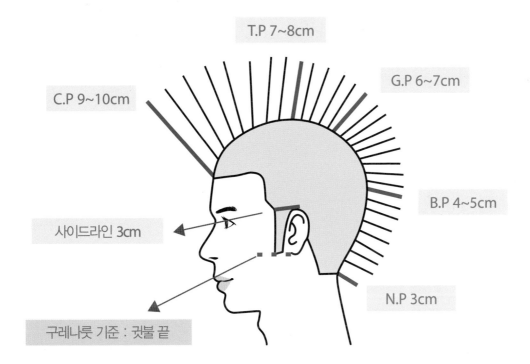

3) 시술준비

① 두발에 물을 골고루 분무한다.

② 부위별로 블로킹(Blocking)하여 핀셋으로 고정한다.

4) 익스테리어(Exterior) 커트기법

① 네이프라인(Nape Line) 두발길이를 3cm로 일직선 커트한다.
② 네이프라인(Nape Line) 위로 두피가 보이지 않으면서 층이 연속적이고 두발은 길어지게 연속깎기(Shingling) 한다.

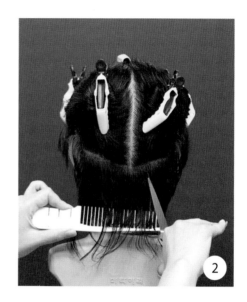

③ 네이프 사이드라인(Nape Side Line) 두발을 3cm로 커트한다.
④ 빗질 후 3cm로 커트한 두발의 커트라인(Cut Line)을 사선으로 연결시킨다.

⑤ 백 포인트(B.P) 부위에 긴 두발을 떠올려 깎기 기법으로 먼저 커트한다.

⑥ 연속깎기(Shingling)로 두발 끝 층의 흐름을 연결시킨다.

⑦ 윗부분으로 진행되면서 빗이 두피에서 멀어지고 빗이 멀어진 만큼의 두발은 길어 진다.

⑧ 네이프라인(Nape Line)에 두발 끝을 틴닝 가위(Thinning Scissors)로 1~2회 개폐(開閉)하면 블런트(Blunt)
한 두발 끝이 자연스럽다.

⑨ 두발길이 끝부분 1/3 정도를 빗으로 떠올린 후 빗을 밑으로 빼주면서 틴닝 가위(Thinning Scissors)를
2~3회 개폐(開閉)하여 두발 숱을 감소시켜 준다.

⑩ 커트된 두발 끝 면에 빗을 대고 두발의 길어진 정도와 연결상태를 확인한다.

⑪ 커트된 층의 흐름을 표면 빗질하여 확인한다.

5) 인테리어(Interior) 커트기법

① 방사형 섹션(Radial Section)으로 지간깎기한다.

② 익스테리어(Exterior) 가장 윗부분의 두발을 가이드라인(Guide Line)으로 하여 지간깎기한다.

③ 두발을 일반시술각 80° ±로 들어 가이드라인(Guide Line)과 연결시켜 커트한다.

④ 커트한 두발을 밑으로 떨어뜨려 손으로 층의 흐름과 연결상태를 확인하고 각도를 조절해 커트한다.

⑤ 정중선(Center Line)부위를 먼저 커트하고 좌우 백사이드(Back Side)로 진행한다.

⑥ 정중선(Center Line) 부위에 커트한 두발을 백사이드(Back Side) 부위로 약간씩 당겨주며 돌려깎는다.

⑦ 정중선(Center Line) 부위에 두발을 백사이드(Back Side) 부위로 당겨서 커트하면 층의 흐름이 후대각(Convex)으로 형성된다.

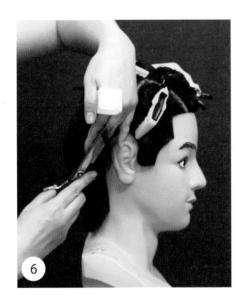
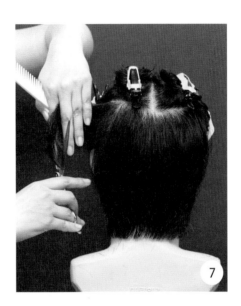

⑧ 인테리어(Interior) 부위에 커트가 끝나면 레져 로테이션(Razor Rotation) 기법으로 표면에 튀어 나오는 두발을 훑어내려 준다.

⑨ 커트한 층의 표면에 튀어나오는 두발을 토끼 클리퍼(Clipper)를 뒤집어 쓰다듬듯이 가볍게 훑어내려 준다.

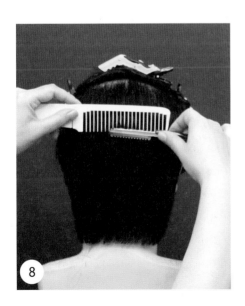

6) 구레나룻(Sideburns) 커트기법

① 구레나룻(Sideburns) 모양을 장발형으로 시술한다.
② 구레나룻(Sideburns) 끝 기준을 귓불 끝에 맞춘다.

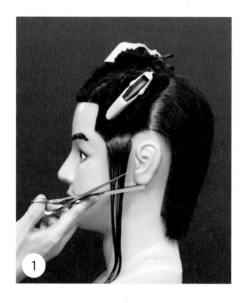

③ 틴닝 가위(Thinning Scissors)를 이용해 구레나룻(Sideburns) 끝부분이 가볍게 떨어지도록 질감(Texture)을 넣어준다.
④ 귓불 끝에 빗을 대고 커트라인(Cut Line)을 확인한다.

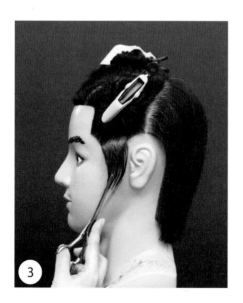

⑤ 오른쪽 구레나룻(Sideburns)을 왼쪽부위와 같은 방법으로 시술한다.

⑥ 귓불 끝에 빗을 대고 커트라인(Cut Line)을 확인한다.

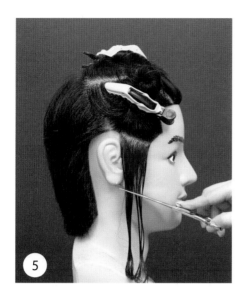

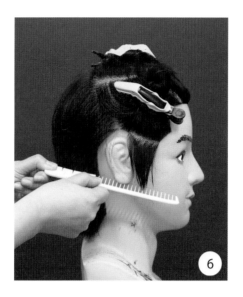

7) 옆머리 커트기법

① 사이드라인(Side Line) 두발길이를 3㎝로 커트한다.

② 이어 백 포인트(E.B.P) 두발길이와 사이드라인(Side Line)의 두발길이를 연결시켜 전대각(Concave)으로 커트한다.

③ 사이드라인(Side Line)에 두발과 구레나룻(Sideburns)을 층으로 연결시킨다.

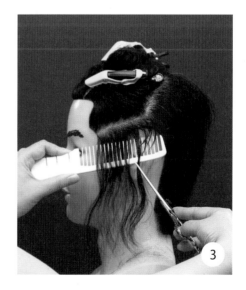

④ 사이드라인(Side Line) 윗부분에 옆머리 1/2은 연속깎기한다.

⑤ 연속깎기(Shingling)한 두발위로 1/2은 지간깎기한다.

⑥ 뒷부분에서 커트된 두발을 가이드라인(Guide Line)으로 연결시킨다.

⑦ 일반시술각 $80°$ ±로 들어서 커트한다.

⑧ 옆부분에 커트한 두발길이의 연결상태와 표면 빗질 후 층의 흐름을 확인한다.

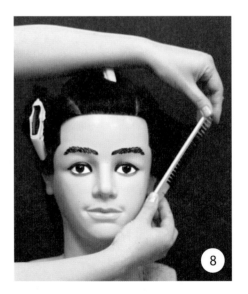

⑨ 오른쪽 부위도 사이드라인(Side Line) 위로 1/2은 연속깎기(Shingling)한다.

⑩ 연속깎기(Shingling)한 두발 위로 1/2은 지간깎기한다.

⑪ 양 사이드(Side) 밑부분의 두발길이를 확인한다.

⑫ 양 사이드(Side) 윗부분의 두발길이를 확인한다.

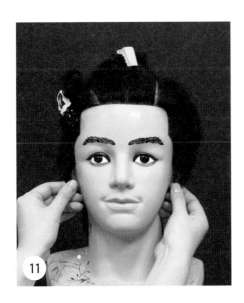
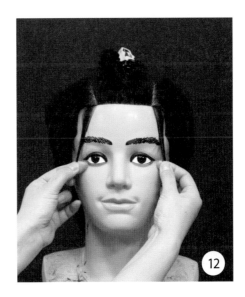

8) 앞머리 커트기법

① 센터 포인트(C.P)의 두발길이를 10cm로 커트한다.
② 이마 넓이에 따라서 앞머리의 두발길이는 달라질 수 있다.
③ 센터 포인트(C.P)의 두발을 옆머리 방향으로 당겨 연결시켜 커트한다.
④ 가운데 앞머리가 길고 옆으로 갈수록 짧아진다.

⑤ 페이스라인(Face Line) 두발을 가이드라인(Guide Line)으로 뒷부분으로 당겨 연결시켜 커트한다.
⑥ 일반시술각 80±로 두발을 들어서 뒷부분으로 갈수록 조금씩 짧아지게 커트한다.
⑦ 앞부분 마지막 섹션은 뒷부분에서 커트된 두발을 같이 잡고 연결시켜 커트한다.

9) 마무리 수정커트 기법

① 가마(Hair Whirl)를 중심으로 두발의 성장방향을 따라 앞뒤로 구분한다.

② 앞부분은 앞쪽에서 틴닝 가위(Thinning Scissors)로 질감(Texture)을 넣는다.

③ 뒷부분은 뒷쪽에서 틴닝 가위(Thinning Scissors)로 질감(Texture)을 넣는다.

④ 헤어라인(Hair Line) 주변에 토끼 클리퍼(Clipper)로 잔털 등을 깨끗하게 정리해 준다.

 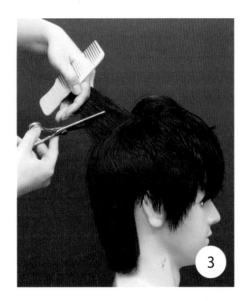

10) 스타일링(Styling)

① 가르마를 왼쪽으로 가른다.

② 가마(Hair Whirl)를 중심으로 앞부분과 뒷부분에 경계가 지지 않게 한다.

③ 앞부분에 두발이 앞으로 쏟아지듯이 오른쪽 방향으로 빗질한다.

④ 양 사이드(Side) 부분에 두발은 볼륨(Volume)이 들어가지 않게 두피 쪽으로 붙여줘야 얼굴형이 갸름해 보인다.

2. 상고머리 중(보통)장발 커트

1) 스타일(Style)

① 상고머리 장발 스타일중 보통의 두발길이(네이프라인 2cm)이다.
② 이 스타일은 두발을 짧게 올려치지 않는 남성의 중간(보통) 장발형의 두발길이이다.

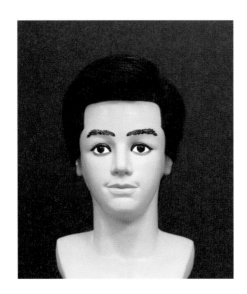 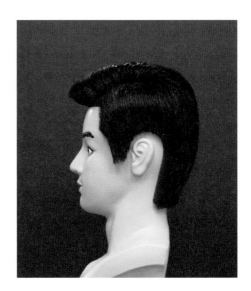

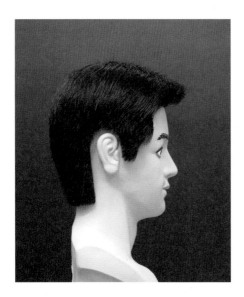 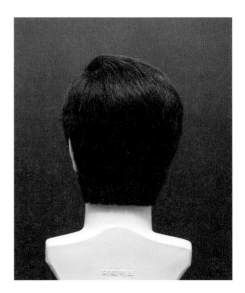

2) 시술개요

① 상고머리 장발 스타일(Style) 중 짧지도 길지도 않은 보통의 두발길이이다.

② 청년층과 중장년층 남성들 중 약간 길게 커트하는 두발길이이다.

③ 모든 두발에서 층의 흐름이 연속적이고 위쪽으로 두발은 점점 길어진다.

④ 구레나룻(Sideburns)은 중 장발형으로 시술한다.

⑤ 부위별 가이드라인(Guide Line)의 두발길이는 다음과 같다.

　　ⓐ 네이프라인(Nape Line) 두발길이 2cm

　　ⓑ 사이드라인(Side Line) 두발길이 2cm

　　ⓒ 센터 포인트(C.P) 두발길이 9~10cm

　　　이마 넓이에 따라서 앞머리의 두발길이는 달라질 수 있다.

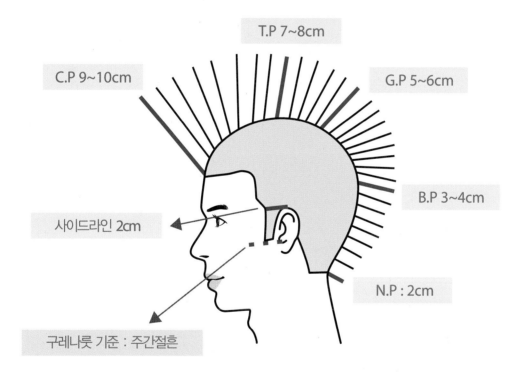

3) 시술준비

① 두발에 물을 골고루 분무하고 왼쪽 가르마(Part) 8:2로 한다.
② 블로킹(Blocking)은 베이스(Base)에 물을 분무한 후 빗으로 넘겨서 구분한다.

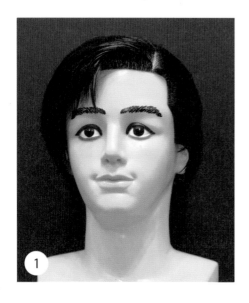

4) 익스테리어(Exterior) 커트기법

① 네이프라인(Nape Line)에 두발길이를 2㎝로 일직선 커트한다.
② 네이프라인(Nape Line) 위로 두피가 보이지 않으면서 층이 연속적이고 두발은 윗부분으로 길어지도록 연속깎기(Shingling)한다.

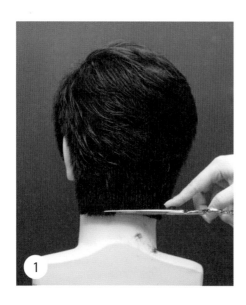
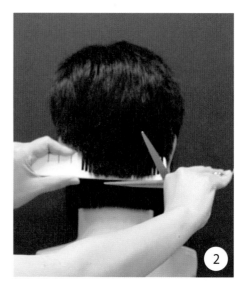

③ 네이프 사이드라인(Nape Side Line) 두발을 2㎝로 커트한다.

④ 빗질 후 2㎝로 커트한 두발의 커트라인(Cut Line)을 사선으로 연결시킨다.

⑤ 외곽선의 두발을 커트할 때 안쪽에 긴 두발은 물을 분무해 빗으로 넘겨 놓는다.

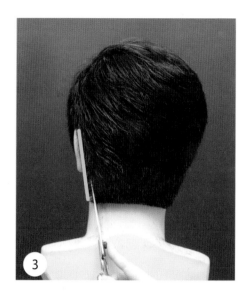

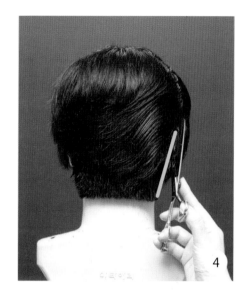

⑥ 양쪽 네이프 사이드라인(Nape Side Line)에서 안쪽으로 연속깎기(Shingling)한다.

⑦ 정중선(Center Line) 부위는 일직선으로 연속깎기(Shingling)한다.

⑧ 표면 빗질하여 층의 연결 상태를 잘 파악하며 커트한다.

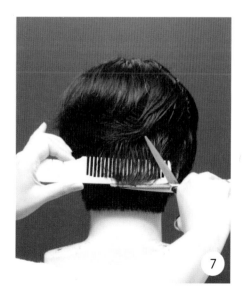

5) 인테리어(Interior) 커트기법

① 익스테리어(Exterior) 가장 윗부분의 두발을 가이드라인(Guide Line)으로 연결시켜 지간깎기한다.

② 인테리어(Interior) 두발을 일반시술각 80° ±로 들어서 커트한다.

③ 정중선(Center Line)을 먼저 커트하고 양쪽 백사이드(Back Side)로 진행한다.

④ 인테리어(Interior) 부위에 외곽선을 네이프 사이드라인(Nape Side Line)의 두발과 연결시킨다.

⑤ 탑 포인트(T.P)부위까지 연속깎기(Shingling)한다.

⑥ 틴닝 가위(Thinning Scissors)로 질감(Texture)을 넣어준다.

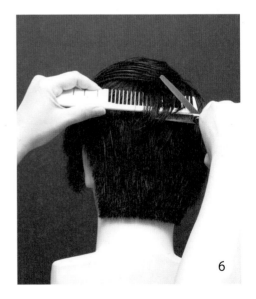

6) 구레나룻(Sideburns) 커트기법

① 구레나룻(Sideburns) 모양을 중 장발형으로 시술한다.
② 빗으로 넘겨 빗어 튀어나오는 부분을 커트하고 귓바퀴 라인(Line)을 만들어 준다.
③ 이어 포인트(E.P)에 두발길이 2cm와 연결시킨다.

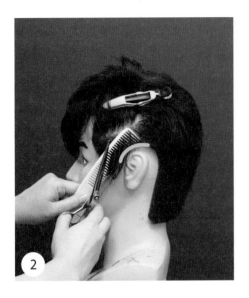
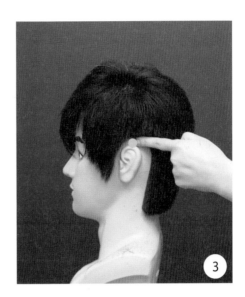

④ 구레나룻(Sideburns) 끝 기준을 주간절흔(Intertragic Notch)과 맞춘다.
⑤ 구레나룻(Sideburns) 끝 기준부터 옆 부분 모든 두발이 층으로 연결된다.
⑥ 구레나룻(Sideburns) 좌우측 부분을 동일한 방법으로 커트한다.

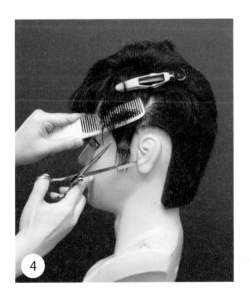
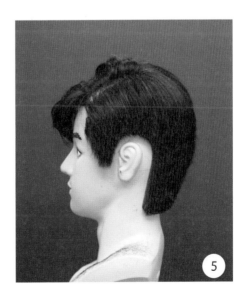

7) 옆머리 커트기법

① 사이드라인(Side Line)에 2cm의 길이로부터 위로 연속깎기(Shingling)한다.
② 구레나룻(Sideburns)에 가장 윗부분과 연속깎기(Shingling)한 두발이 층으로 연결되게 커트한다.

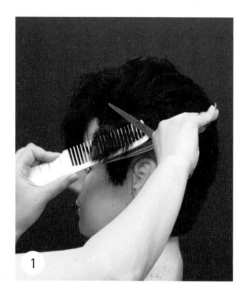
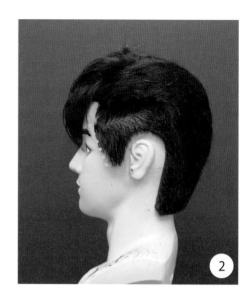

③ 연속깎기(Shingling)한 두발 위로 지간깎기한다.
④ 뒷부분에서 커트한 두발길이와 연결시켜 커트한다.

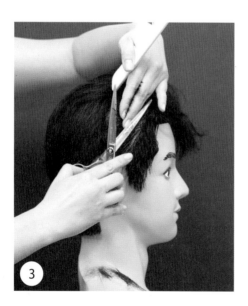

8) 앞머리 커트기법

① 센터 포인트(C.P)의 두발길이를 10㎝로 커트한다.

② 페이스 라인(Face Line) 두발을 가이드라인(Guide Line)으로 뒤쪽으로 당겨서 커트한다.

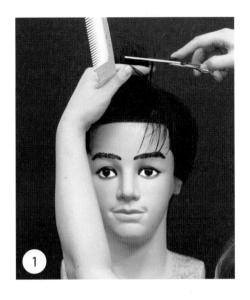

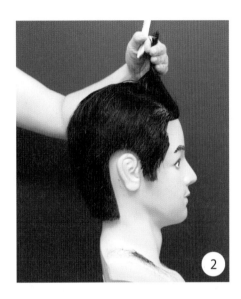

③ 탑 포인트(T.P) 부위에서 뒷부분에 두발과 연결시켜 커트한다.

④ 뒷부분으로 갈수록 두발길이는 점점 짧아진다.

⑤ 앞머리 양옆부분에 길게 커트된 두발은 옆머리의 가장 위에서 커트된 두발을 가이드라인(Guide Line)으로 연결시켜 돌려깎기한다.

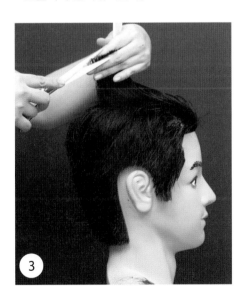

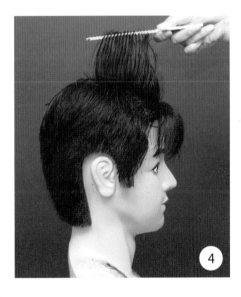

9) 마무리 수정커트 기법

① 층이 고르지 못한 부분에 레져(Razor)로 쓰다듬어 주듯 훑어 내린다.
② 두발 표면을 빗질하고 튀어나오는 두발을 레져(Razor)로 쓰다듬어 주듯 훑어 내린다.

 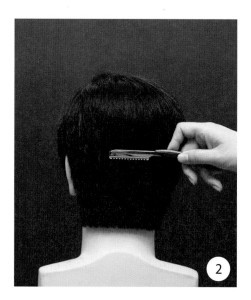

10) 스타일링(Styling)

① 가마(Hair Whirl)의 성장방향을 따라 두발의 흐름을 만들어 준다.
② 가마(Hair Whirl)를 중심으로 앞머리와 뒷머리가 경계지지 않게 한다.
③ 왼쪽 가르마(Part) 8:2로 한다.
④ 물을 분무하고 소량의 포마드를 손에 묻혀 두발 베이스(Base)부터 두발 끝까지 골고루 펴 바른다.
⑤ 드라이기를 이용해 앞머리에 뿌리를 살려 오른쪽 부분으로 넘겨준다.
⑥ 옆머리는 볼륨(Volume)을 주지 않고 두피 쪽으로 붙여줘야 얼굴형이 갸름해 보인다.

3. 상고머리 상장발 커트

1) 스타일(Style)

① 상고머리 장발 스타일 중 두발길이(네이프라인 1cm)가 가장 짧다.
② 이 스타일은 짧게 올려 깎지 않으면서 단정한 이미지를 줄 수 있는 두발길이이다.

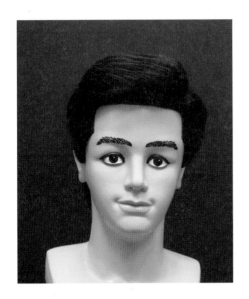
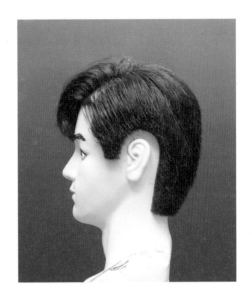
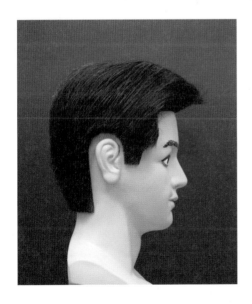
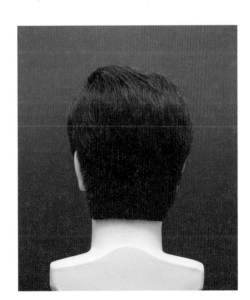

2) 시술개요

① 상고머리 장발 스타일 중 네이프라인(Nape Line)에 두발길이가 가장 짧다.

② 두발을 짧게 올려 깎지 않는 남성들 대부분은 이 스타일로 커트한다.

③ 앞뒤 모두 층의 흐름이 연속적이고 위쪽으로 두발은 점점 길어진다.

④ 구레나룻(Sideburns)은 표준형으로 시술한다.

⑤ 부위별 가이드라인(Guide Line)의 두발길이는 다음과 같다.

　　ⓐ 네이프라인(Nape Line) 두발길이 1㎝

　　ⓑ 사이드라인(Side Line) 두발길이 1㎝

　　ⓒ 센터 포인트(C.P) 두발길이 9~10㎝

　　　이마 넓이에 따라서 앞머리의 두발길이는 달라질 수 있다.

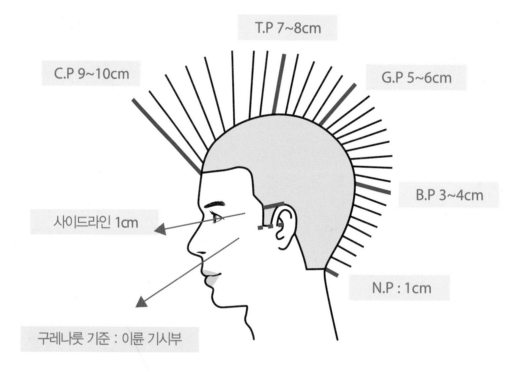

3) 시술준비

① 두발에 물을 골고루 분무하고 왼쪽 가르마(Part) 8:2로 한다.

② 블로킹(Blocking)은 베이스(Base)에 물을 분무한 후 빗으로 넘겨서 구분한다.

4) 익스테리어(Exterior) 커트기법

① 네이프라인(Nape Line)에 두발길이를 1㎝ 이하로 일직선 커트한다.
② 네이프라인(Nape Line) 위로 두피가 보이지 않으면서 층이 연속적이고 두발은 위쪽으로 길어지게 연속깎기(Shingling)한다.

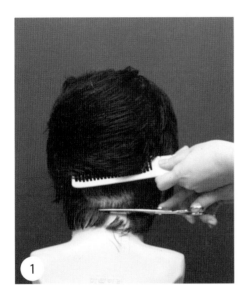 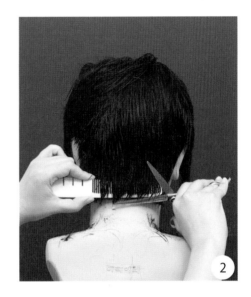

③ 네이프 사이드라인(Nape Side Line)에 두발을 네이프 사이드 포인트(N.S.P)에 커트라인(Cut Line)과 연결시켜 윗부분으로 사선으로 올라간다.
④ 다시 윗부분에서 가위를 넣어 사선으로 내려온다.
⑤ 자연스럽게 빗질해 놓았을 때 사선의 모양이 일직선으로 떨어지게 커트한다.

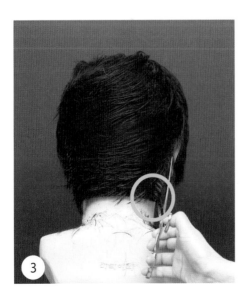 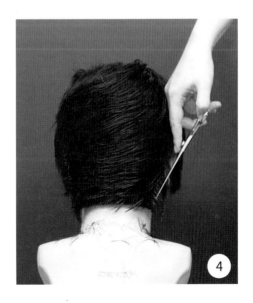

⑥ 백 포인트(B.P)부위까지 연속깎기(Shingling)한다.

⑦ 두발의 길어진 정도를 빗으로 확인하고 표면 빗질한 후 층의 상태를 다시 확인한다.

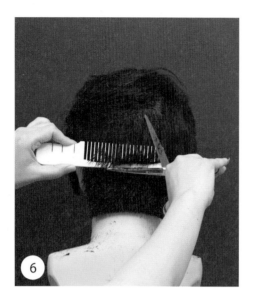
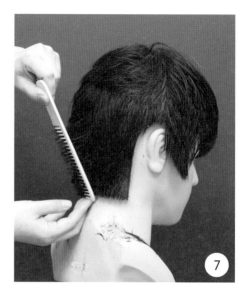

5) 인테리어(Interior) 커트기법

① 익스테리어(Exterior) 가장 윗부분에 두발을 가이드라인(Guide Line)으로 연결시켜 지간깎기한다.

② 지간깎기한 두발을 틴닝 가위(Thinning Scissors)로 질감(Texture)을 넣어준다.

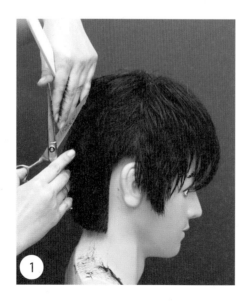
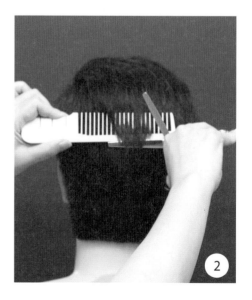

6) 구레나룻(Sideburns) 커트기법

① 구레나룻(Sideburns) 모양을 표준형으로 시술한다.

② 이어 포인트(E.P) 부위에 커트된 두발과 연결시켜 귓바퀴를 따라 내려온다.

③ 구레나룻(Sideburns) 끝 기준을 이륜 기시부(Helical Root)에 맞춘다.

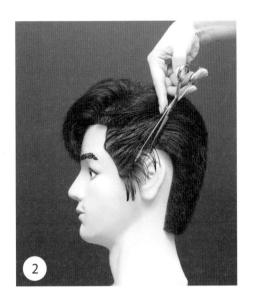

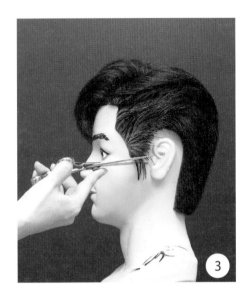

④ 소형 빗을 이용하여 이륜 기시부(Helical Root)에서부터 구레나룻(Sideburns) 가장 윗부분까지 연속깎기 (Shingling)로 층을 내준다.

⑤ 이륜 기시부(Helical Root)부위와 직선으로 연결한다.

⑥ 양 사이드(Side)에 구레나룻(Sideburns)을 동일한 방법으로 시술한다.

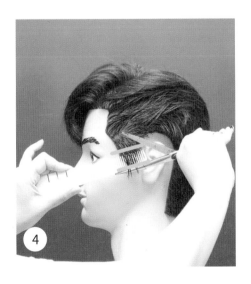

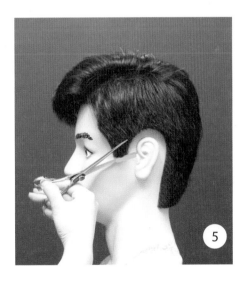

7) 옆머리 커트기법

① 사이드라인(Side Line)에 두발길이 1cm 위로 연속깎기(Shingling)한다.

② 연속깎기(Side Line)한 두발위로 지간깎기한다.

③ 뒷부분에서 커트된 두발을 가이드라인(Guide Line)으로 앞부분으로 당겨서 일반 시술각 80±로 커트한다.

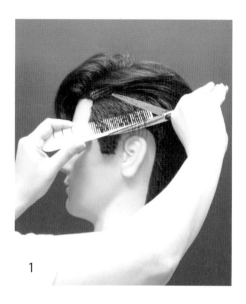

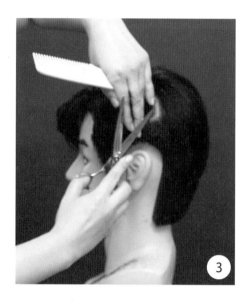

④ 지간깎기한 두발을 틴닝 가위(Thinning Scissors)로 질감(Texture)을 넣어준다.

⑤ 표면 빗질 후 튀어나오는 두발을 레져(Razor)로 쓰다듬어 주듯 훑어 내린다.

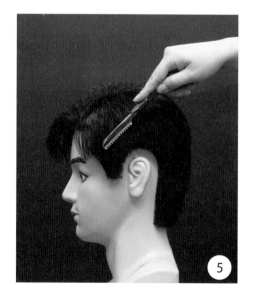

8) 앞머리 커트기법

① 센터 포인트(C.P)의 두발길이를 9cm로 커트한다.

② 센터 포인트(C.P) 두발을 옆머리 쪽으로 끌어당겨 연결시켜 커트한다.

③ 페이스 라인(Face Line) 두발을 가이드라인(Guide Line)으로 뒤쪽으로 당겨서 커트한다.

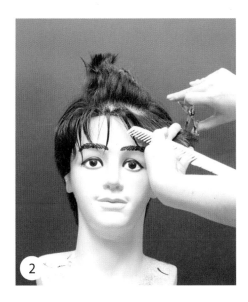

④ 두발길이는 뒷부분으로 갈수록 점점 짧아진다.

⑤ 앞부분의 두발과 옆머리 가장 윗부분의 두발을 연결시켜 가운데로 뾰족하게 나오는 두발을 커트
  한다.

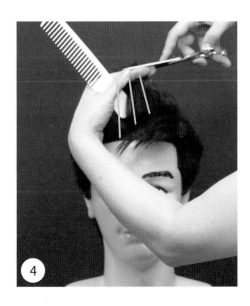
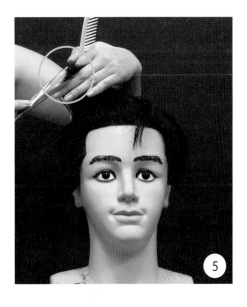

9) 마무리 수정커트 기법

① 틴닝 가위(Thinning Scissors)를 이용하여 두발 층이 무거워 보이는 부위에 연속깎기(Shingling)로 수정 깎기 한다.
② 틴닝 가위(Thinning Scissors)를 개폐(開閉)해 내려오면서 두발표면에 튀어나오는 두발을 세심하게 정리한다.

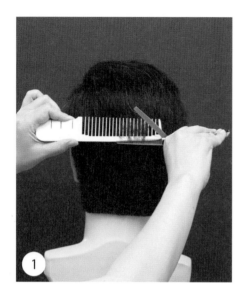
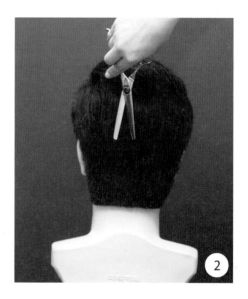

10) 스타일링(Styling)

① 가마(Hair Whirl)의 성장방향을 따라 두발의 흐름을 만들어 준다.
② 가마(Hair Whirl)를 중심으로 앞머리와 뒷머리가 경계지지 않게 한다.
③ 왼쪽 가르마(Part) 8:2로 한다.
④ 물을 분무하고 소량의 포마드를 손에 묻혀 두발 베이스(Base)부터 두발 끝까지 골고루 펴 바른다.
⑤ 드라이기를 이용하여 앞머리의 뿌리를 살려주고 오른쪽 방향으로 빗어 넘겨 고정시킨다.
⑥ 옆머리는 볼륨(Volume)을 주지 않고 두피 쪽으로 붙여줘야 얼굴형이 갸름해 보인다.

Section II 상고머리 기본스타일

1. 상고머리 하조발 커트

1) 스타일(Style)

① 상고머리 기본 스타일 중 두발길이가 가장 길다.
② 네이프라인과 사이드라인 위로 짧게 올려치는 높이(범위)가 아주 낮은 스타일이다.

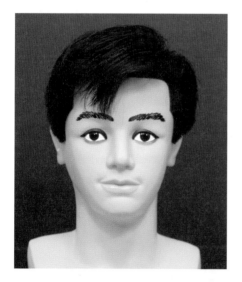
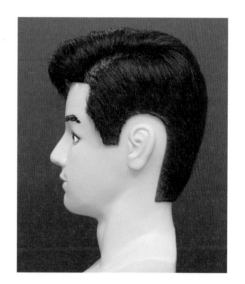

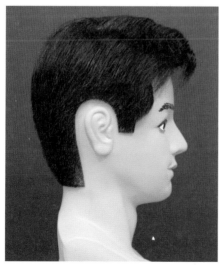
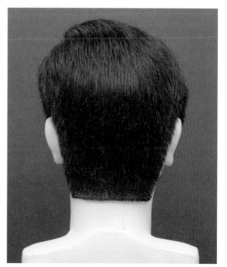

2) 시술개요

① 네이프라인 위로 1~2㎝ 높이를 짧게 올려친다.
② 네이프라인 위로 클리퍼라인의 높이까지 두발은 아주 미세하게 길어져서 두피색조가 윗부분으로 갈수록 점점 더 검게 보인다.
③ 클리퍼라인 위로 커트라인 층이 연속적으로 쌓이면서 두피는 보이지 않고 두발은 점점 더 길어진다.
④ 구레나룻은 표준형으로 시술한다.
⑤ 부위별 두발길이와 클리퍼라인의 높이는 다음과 같다.
    ⓐ 네이프라인 위로 클리퍼라인 높이 : 1~2㎝
    ⓑ 사이드라인 위로 클리퍼라인 높이 : 0~1㎝
    ⓒ 클리퍼 라인에 두발길이 : 1㎝±
    ⓓ 센터 포인트 두발길이 : 9~10㎝(이마 넓이에 따라 길이는 달라질 수 있다.)

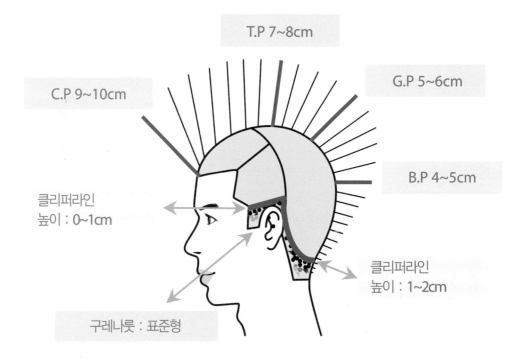

3) 시술준비

① 두발에 소량의 물을 골고루 분무한다.
② 클리퍼를 사용할 부위에는 물을 많이 분무하지 않는다.
③ 물이 많이 분무된 부위는 타월로 털어내듯 닦아낸다.
④ 블로킹은 하지 않고 부위별로 두발 베이스에 물을 분무하여 빗질해 넘겨놓고 시술한다.

4) 익스테리어(Exterior) 커트기법

① 네이프라인 위로 1~2cm를 프로클리퍼로 올려 깎는다.
② 팔목의 스냅으로 클리퍼를 운행해 두발을 깎는다.
③ 네이프라인에서 클리퍼라인 밑 부분까지의 두발은 위쪽으로 미세하게 길어져서 두피색조가 점점
   검게 보여야 한다.

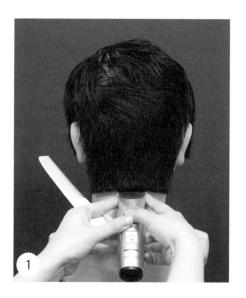

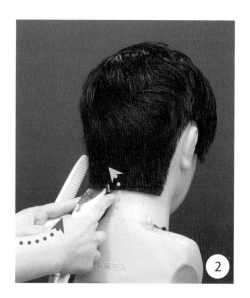

④ 네이프 사이드라인에 소형 커트 빗을 대고 클리퍼 오버 콤(Clipper Over Comb) 기법으로 빗살위로
   튀어나온 두발을 커트한다.
⑤ 프로클리퍼를 뒤집어서 헤어라인을 더 세심하게 정리한다.

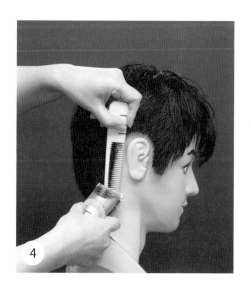

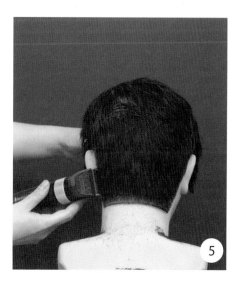

⑥ 틴닝 가위로 연속깎기하여 클리퍼라인을 지워준다.

⑦ 커트라인 층을 따라 프로클리퍼를 뒤집어서 층의 연결 상태가 매끈하게 떨어지도록 쓰다듬듯 훑어
내린다.

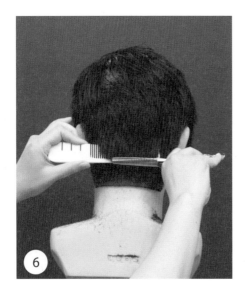

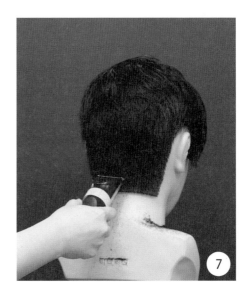

⑧ 오른쪽 백사이드 부위를 후대각으로 연속깎기한다.

⑨ 왼쪽 백사이드 부위를 후대각으로 연속깎기한다.

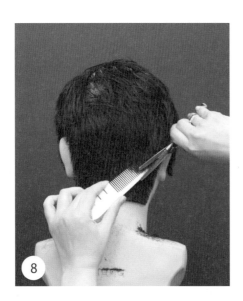

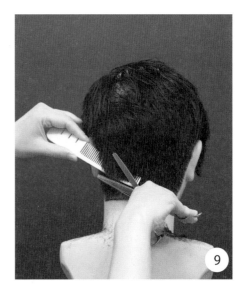

5) 인테리어(Interior) 커트기법

① 익스테리어에 커트된 두발의 연결 상태를 확인하고 가장 윗부분에 두발을 가이드라인으로 연결
   시켜 인테리어 부위에 두발을 커트한다.
② 백센터 부위를 먼저 지간깎기하고 양쪽 백사이드로 진행한다.

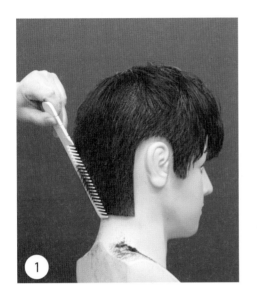 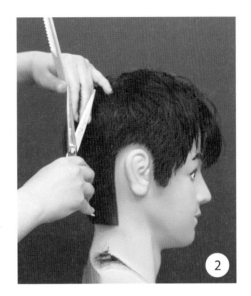

③ 지간깎기한 두발을 떠올려 깎기로 질감을 넣어준다.
④ 질감을 넣은 부위에 다시 틴닝 가위 연속깎기로 정교하게 커트한다.

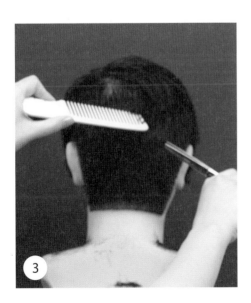 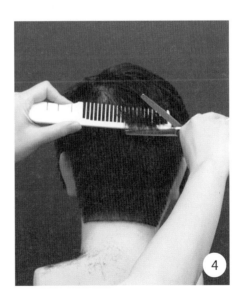

6) 구레나룻(Sideburns) 커트기법

① 표준형 구레나룻 모양으로 시술한다.

② 구레나룻 기준선을 이룬 기시부에 맞춰서 가위로 일직선 커트한다.

③ 프로클리퍼를 회전시키며 구레나룻 층 모양이 정교하게 길어지게 한다.

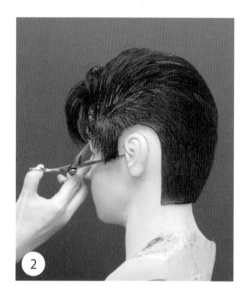
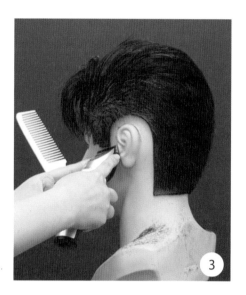

④ 프로클리퍼 날의 각도를 기울여서 귓바퀴를 따라 이동하며 헤어라인 두발을 정리한다.

⑤ 다시 이어 백 포인트에서 앞부분으로 돌아오며 깔끔하게 정리한다.

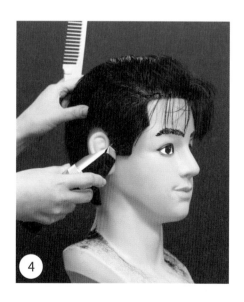
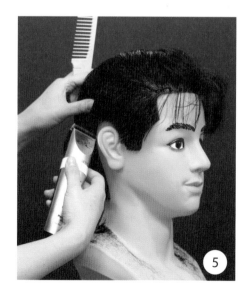

7) 옆머리 커트기법

① 구레나룻 층과 연결시켜 사이드라인 위로 0~1㎝를 짧게 올려친다.

② 클리퍼로 올려 깎으면 클리퍼라인이 높아질 수 있으므로 소밀깎기 기법으로 시술하면 좋다.

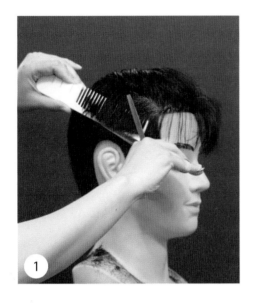
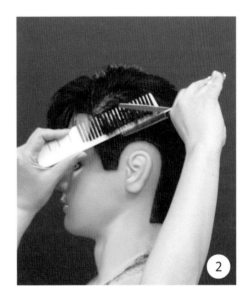

③ 틴닝 가위를 세워 개폐해 내려오면서 튀어나온 두발을 커트한다.

④ 빗으로 표면 빗질하면서 레져로 튀어나온 두발을 쓰다듬듯 훑어내려 준다.

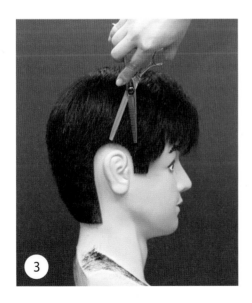
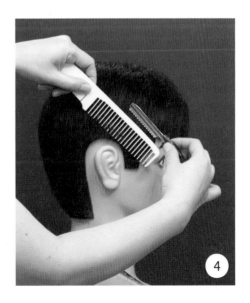

8) 앞머리 커트기법

① 센터 포인트에 두발을 9㎝로 커트한다.
② 센터 포인트에 9㎝와 연결시켜 페이스라인 앞머리를 일반시술각 80°±로 들어서 커트한다.

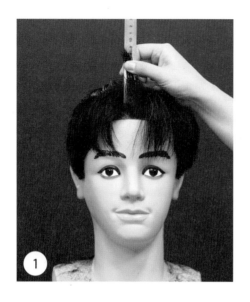
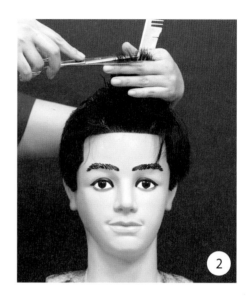

③ 앞머리 정중선의 두발을 왼쪽 옆머리와 연결시켜 돌려깎기한다.
④ 앞머리 정중선의 두발을 오른쪽 옆머리와 연결시켜 돌려깎기한다.

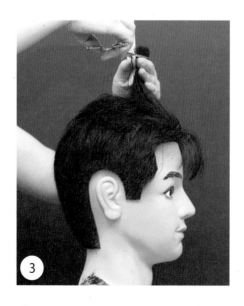
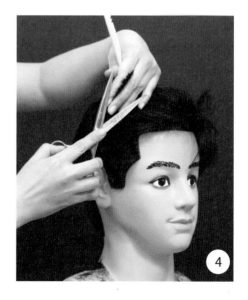

9) 마무리 수정커트 기법

① 가위를 세워잡고 오른쪽 사이드 코너 포인트에 가위 끝을 대고 밀어깎기 기법으로 네이프 부위까
지 이동한다.
② 연속 동작으로 왼쪽 사이드 코너 포인트까지 진행한다.

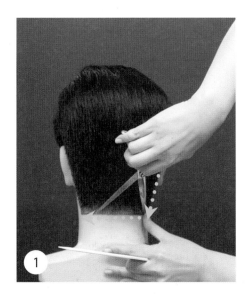 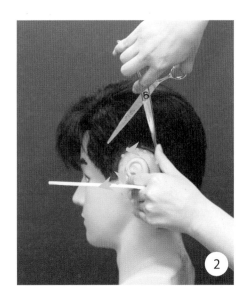

③ 왼쪽 사이드코너 포인트에서 당겨깎기 기법으로 자세를 바꿔서 이동한다.
④ 네이프를 지나 오른쪽 사이드 코너 포인트까지 연속동작으로 진행한다.
⑤ 헤어라인 외곽을 토끼클리퍼로 깔끔하게 정리해 준다.

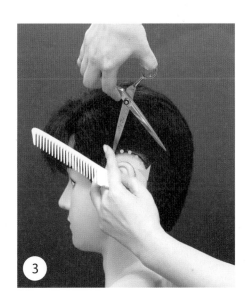 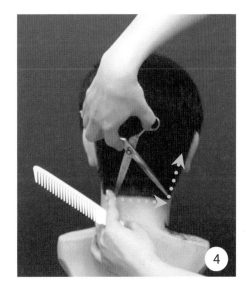

10) 스타일링(Styling)

① 가마의 성장방향을 따라 두발의 흐름을 만들어 준다.

② 가마를 중심으로 앞머리와 뒷머리가 경계지지 않게 한다.

③ 왼쪽 가르마 8:2로 한다.

④ 물을 분무하고 소량의 포마드를 손에 묻혀 두발 베이스부터 두발 끝까지 골고루 펴 바른다.

⑤ 드라이기로 앞머리에 뿌리를 살려 오른쪽 부분으로 자연스럽게 넘겨준다.

⑥ 옆머리는 볼륨이 들어가지 않도록 두피 쪽으로 바싹 붙여줘야 얼굴형이 갸름해 보인다.

2. 상고머리 중(보통) 조발 커트

1) 스타일(Style)

① 상고머리 기본 스타일중 보통의 두발길이이다.

② 네이프라인과 사이드라인 위로 짧게 올려치는 높이(범위)가 보통으로 대중적인 스타일이다.

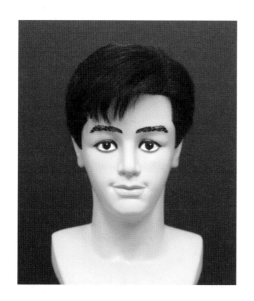
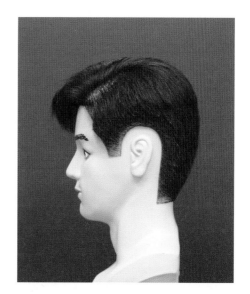
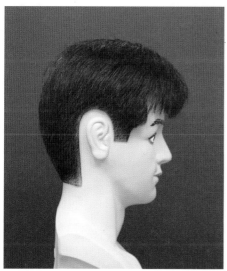
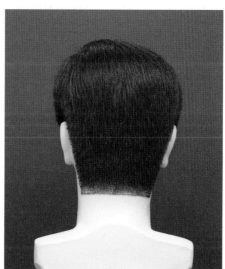

2) 시술개요

① 네이프라인 위로 2~3㎝ 높이를 짧게 올려친다.
② 네이프라인 위로 클리퍼라인의 높이까지 두발은 아주 미세하게 길어져서 두피색조가 윗부분으로
   갈수록 점점 더 검게 보인다.
③ 클리퍼라인 위로 커트라인 층이 연속적으로 쌓이면서 두피는 보이지 않고 두발은 점점 더 길어진다.
④ 구레나룻은 표준형으로 시술한다.
⑤ 부위별 두발길이와 클리퍼라인의 높이는 다음과 같다.
   ⓐ 네이프라인 위로 클리퍼라인 높이 : 2~3㎝
   ⓑ 사이드라인 위로 클리퍼라인 높이 : 1~2㎝
   ⓒ 클리퍼 라인에 두발길이 : 1㎝±
   ⓓ 센터 포인트 두발길이 : 8~9㎝(이마 넓이에 따라 길이는 달라질 수 있다.)

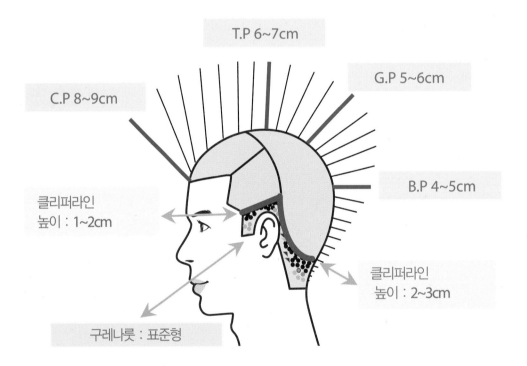

3) 시술준비

① 두발에 소량의 물을 골고루 분무한다.
② 클리퍼를 사용할 부위에는 물을 많이 분무하지 않는다.
③ 물이 많이 분무된 부위는 수건으로 털어내듯 닦아낸다.
④ 블로킹은 하지 않고 부위별로 두발 베이스에 물을 분무하여 빗질해 넘겨놓고 시술한다.

4) 익스테리어(Exterior) 커트기법

① 네이프라인 위로 2~3cm를 프로클리퍼로 올려 깎는다.
② 네이프 사이드 포인트에 프로클리퍼를 후대각으로 운행한다.
③ 네이프 부위에 층의 흐름이 후대각으로 연속되게 커트한다.

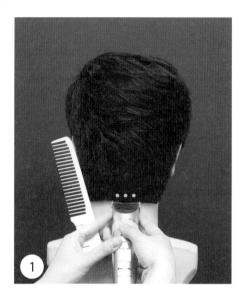
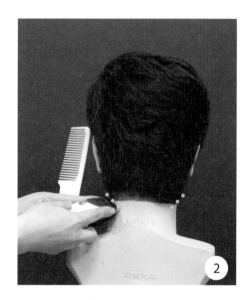

④ 네이프 사이드라인을 프로클리퍼의 날을 기울여서 윗부분으로 올라가며 깨끗하게 정리한다.
⑤ 위에서부터 밑으로 내려오면서 세심하게 네이프 사이드라인을 다시 정리한다.

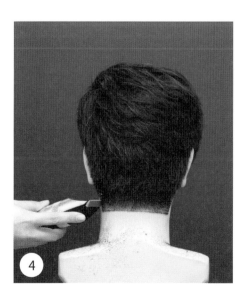
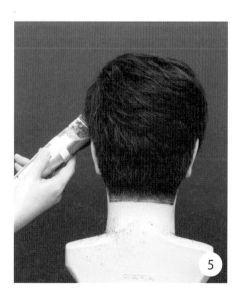

⑥ 네이프라인에서 클리퍼라인 밑 부분까지의 두발은 위쪽으로 미세하게 길어져서 두피색조가 점점 검게 보여야 한다.

⑦ 백 포인트 부위까지 틴닝 가위로 연속깎기한다.

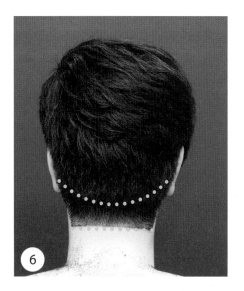

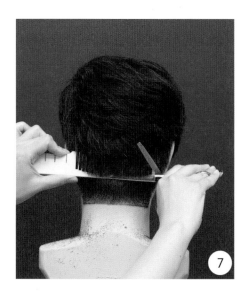

⑧ 왼쪽 백사이드 부위를 후대각으로 연속깎기한다.

⑨ 오른쪽 백사이드 부위를 후대각으로 연속깎기한다.

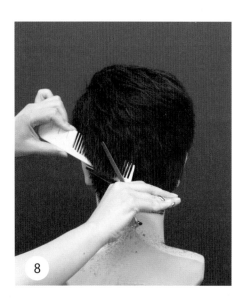

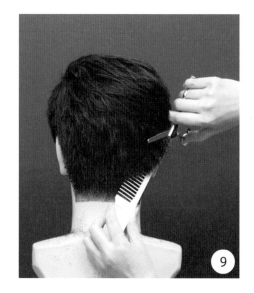

5) 인테리어(Interior) 커트기법

① 익스테리어 가장 윗부분에 두발을 가이드라인으로 연결시켜 인테리어 부위에 두발을 지간깎기 한다.

② 지간깎기로 뭉뚝해진 두발 끝을 틴닝 가위로 연속깎기한다.

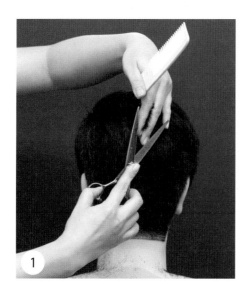
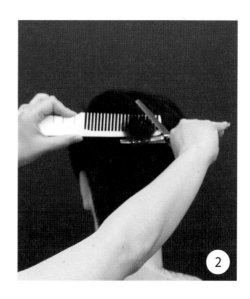

6) 구레나룻(Sideburns) 커트기법

① 표준형 구레나룻 모양으로 시술한다.

② 이륜 기시부에 맞춰서 프로클리퍼로 정교하게 올려 깎는다.

③ 토끼클리퍼를 뒤집어서 이륜 기시부 밑 부분을 깔끔하게 정리한다.

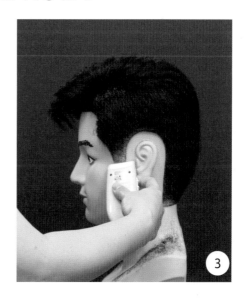

7) 옆머리 커트기법

① 구레나룻에 층과 연결시켜 사이드라인 위로 1~2㎝를 짧게 올려친다.
② 틴닝 가위로 연속깎기하고 표면 빗질하여 층의 흐름을 확인한다.

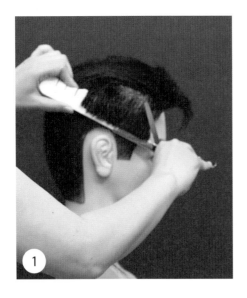

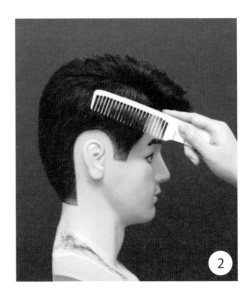

③ 연속깎기한 윗부분의 두발을 지간깎기 한다.
④ 뒷부분으로 당겨주며 돌려깎기한다.

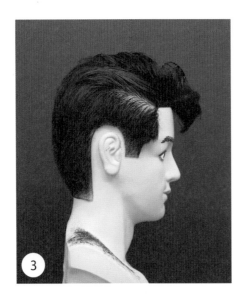

8) 앞머리 커트기법

① 페이스라인 앞머리를 일반시술각 80° ±로 들고 두발을 9㎝로 커트한다.
② 페이스라인 앞머리를 가이드라인으로하여 뒤쪽으로 당겨서 커트한다.
③ 앞머리 마지막 섹션을 뒷머리와 연결시켜 커트한다.

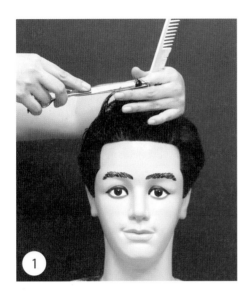
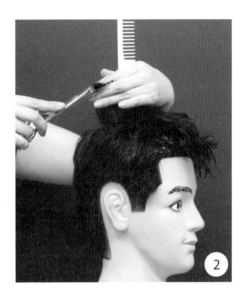

④ 앞머리 양 옆 부분의 두발을 옆머리와 연결시켜 잡고 지간깎기한다.
⑤ 돌려깎기한 앞머리 양 옆의 두발을 밑으로 떨어뜨려서 센터 포인트의 두발은 길고 옆머리 부분
　으로 갈수록 짧아지게 연결시켜 커트한다.

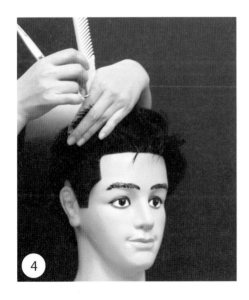

9) 마무리 수정커트 기법

① 다양한 수정깎기 기법을 적용하여 헤어스타일의 완성도를 높여준다.

② 세워깎기 기법으로 밀어깎고 당겨깎아 표면위로 튀어나온 두발이 없게 한다.

③ 티닝 가위를 개폐해 내려오면서 두발 표면에 뭉쳐진 두발 끝을 수정한다.

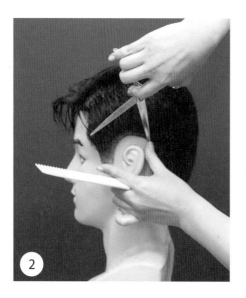
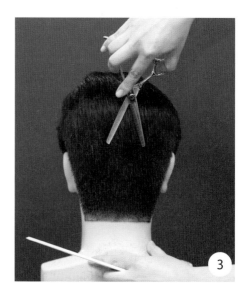

④ 레져 로테이션 기법으로 두발 표면에 층이 고르지 못한 부위를 쓰다듬어주듯 훑어내어 수정한다.

⑤ 토끼클리퍼를 뒤집어서 두발 층의 곡면을 따라 튀어나온 두발을 가볍게 쓰다듬어주듯 내려오면서 층의 흐름을 매끄럽게 한다.

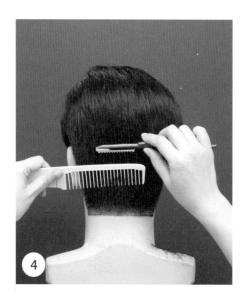
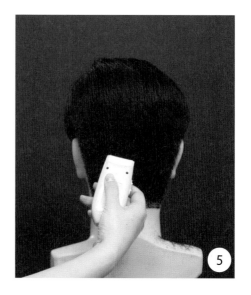

⑥ 토끼클리퍼를 뒤집어서 네이프라인 외곽을 깔끔히 정리한다.

⑦ 토끼클리퍼를 뒤집어서 헤어라인 외곽을 깔끔히 정리한다.

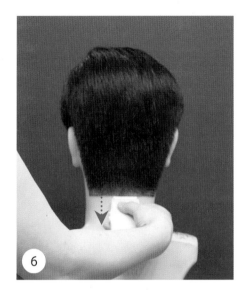
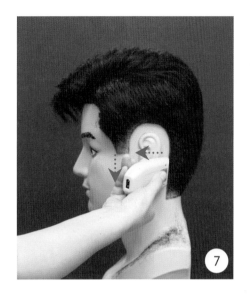

10) 스타일링(Styling)

① 가마의 성장방향을 따라 두발의 흐름을 만들어 준다.

② 가마를 중심으로 앞머리와 뒷머리가 경계지지 않게 한다.

③ 왼쪽 가르마 8:2로 한다.

④ 물을 분무하고 소량의 포마드를 손에 묻혀 두발 베이스부터 두발 끝까지 골고루 펴 바른다.

⑤ 드라이기로 앞머리에 뿌리를 살려 오른쪽 부분으로 자연스럽게 넘겨준다.

⑥ 옆머리는 볼륨이 들어가지 않도록 두피 쪽으로 바싹 붙여줘야 얼굴형이 갸름해 보인다.

3. 상고머리 상조발 커트

1) 스타일(Style)

① 상고머리 기본 스타일 중 비교적 짧은 두발길이이다.
② 네이프라인과 사이드라인 위로 짧게 올려치는 높이(범위)가 기본스타일중 가장 높고 가벼워 경쾌한 느낌을 주는 스타일이다.

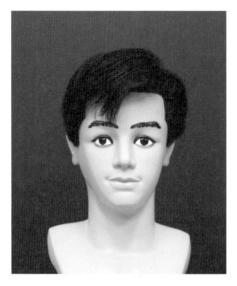
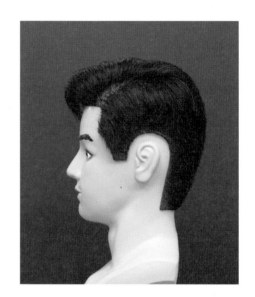
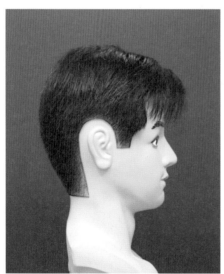
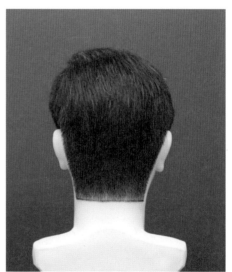

2) 시술개요

① 네이프라인 위로 3~4㎝ 높이를 올려친다.

② 네이프라인 위로 클리퍼라인의 높이까지 두발은 아주 미세하게 길어져서 두피색조가 윗부분으로 갈수록 점점 더 검게 보인다.

③ 클리퍼라인 위로 커트라인 층이 연속적으로 쌓이면서 두피는 보이지 않고 두발은 점점 더 길어진다.

④ 구레나룻은 표준형으로 시술한다.

⑤ 부위별 두발길이와 클리퍼라인의 높이는 다음과 같다.

    ⓐ 네이프라인 위로 클리퍼라인 높이 : 3~4㎝

    ⓑ 사이드라인 위로 클리퍼라인 높이 : 2~3㎝

    ⓒ 클리퍼 라인에 두발길이 : 1㎝±

    ⓓ 센터 포인트 두발길이 : 7~8㎝(이마 넓이에 따라 길이는 달라질 수 있다.)

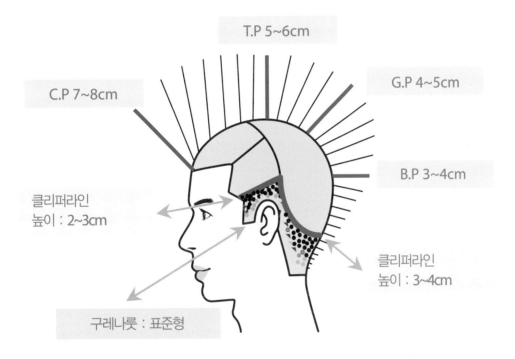

3) 시술준비

① 두발에 소량의 물을 골고루 분무한다.

② 클리퍼를 사용할 부위에는 물을 많이 분무하지 않는다.

③ 물이 많이 분무된 부위는 타월로 털어내듯 닦아낸다.

④ 블로킹은 하지 않고 부위별로 두발 베이스에 물을 분무하여 빗질해 넘겨놓고 시술한다.

4) 익스테리어(Exterior) 커트기법

① 네이프라인 위로 3~4cm를 프로클리퍼로 올려 깎는다.
② 정중선 부위부터 깎는다.

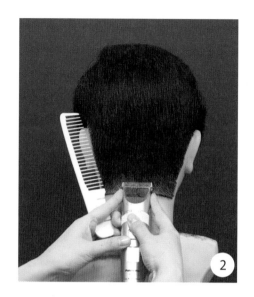

③ 백 사이드부분은 프로클리퍼 날을 후대각으로 운행한다.
④ 프로클리퍼에 보조 날을 끼워 층의 곡면대로 가볍게 쓰다듬어 주면서 클리퍼라인을 지운다.

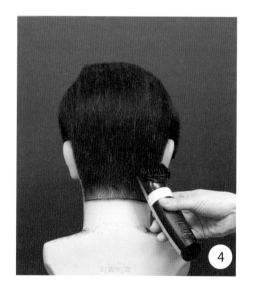

⑤ 펜슬 핸드로 잡고 두피색조가 위쪽으로 갈수록 점점 검은색으로 보이게 조절한다.

⑥ 네이프라인에서 팔목을 위쪽으로 바로 꺾어주면 3∼4㎝이상은 깎이지 않는다.

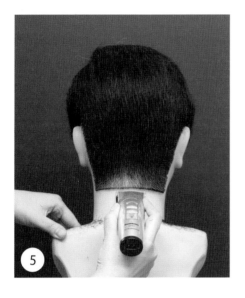
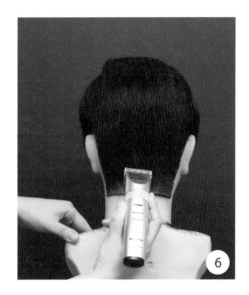

⑦ 프로클리퍼에 보조 날을 끼우고 각도를 기울여서 네이프 사이드라인을 따라 이어 백 포인트까지 헤어라인을 정리한다.

⑧ 다시 내려오면서 헤어라인을 깨끗하게 정리한다.

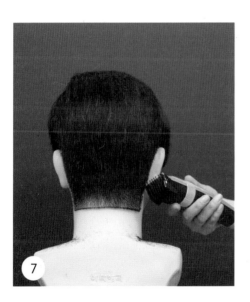
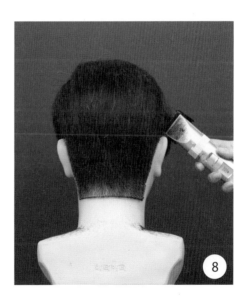

⑨ 네이프 부위에 토끼클리퍼를 뒤집어서 헤어라인을 깔끔하게 정리한다.

⑩ 양쪽 부위를 동일하게 깎는다.

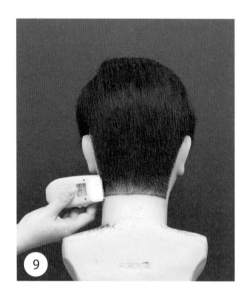
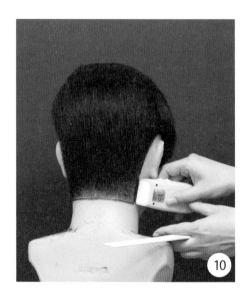

⑪ 토끼클리퍼를 네이프라인에 직각으로 바싹 붙여 0㎝로 하얗게 깎이게 한 다음 바로 팔목을 안쪽으로 회전시켜 윗부분의 두피색조가 차츰 더 검게 보이도록 한다.

⑫ 클리퍼라인이 지워진 부위에서부터 백 포인트 부위까지 연속깎기 한다.

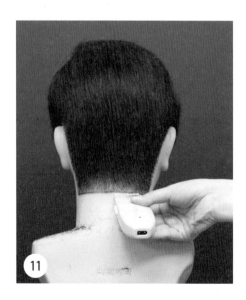
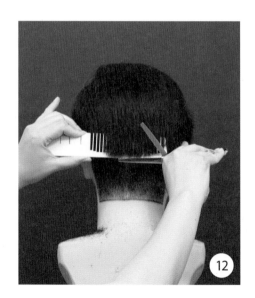

5) 인테리어(Interior) 커트기법

① 익스테리어 가장 윗부분에 두발을 가이드라인으로 연결시켜 인테리어 부위에 두발을 지간깎기 한다.

② 두발길이 끝부분 1/3지점에서 밑 부분으로 떠올려 깎기 기법으로 두발 숱을 감소 시켜준다.

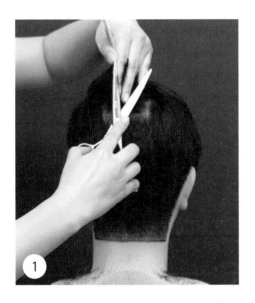 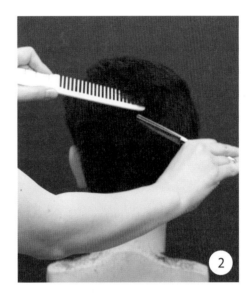

③ 두발 층의 흐름을 확인하며 연속깎기한다.

④ 뒷부분에 두발을 표면 빗질하면서 레져로 쓰다듬듯 내려오며 튀어나온 두발을 수정깎기 한다.

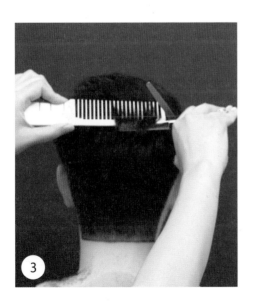 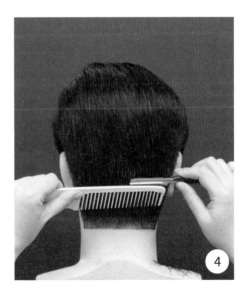

6) 구레나룻(Sideburns) 커트기법

① 이어 포인트에서 귓바퀴를 따라 구레나룻 기준선까지 헤어라인을 프로클리퍼를 기울여 헤어라인을 정리한다.

② 이륜 기시부 기준점에서부터 프로클리퍼를 회전시켜 올려 깎는다.

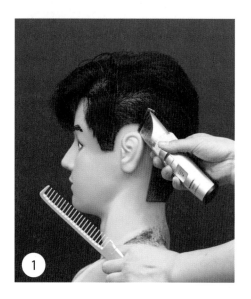 

③ 토끼클리퍼로 면밀하게 두발색조를 조절하며 다듬어 준다.

④ 토끼클리퍼를 뒤집어 구레나룻 기준선 밑 부분을 깔끔하게 정리한다.

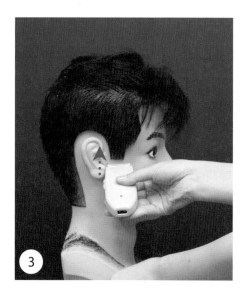 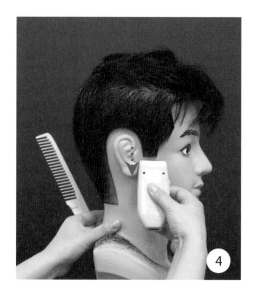

7) 옆머리 커트기법

① 구레나룻 층과 연결시켜 사이드라인 위로 2~3㎝를 짧게 올려친다.
② 틴닝 가위로 클리퍼라인을 흐릿하게 만들고 연속깎기로 올려친다.

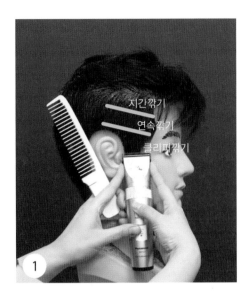

③ 연속깎기한 두발을 가이드라인으로 잡고 지간깎기한다.
④ 옆머리를 표면 빗질하면서 튀어나온 두발을 레져로 수정해 준다.

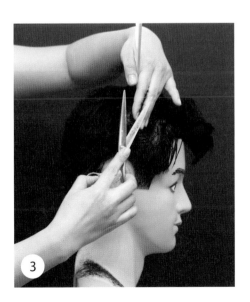

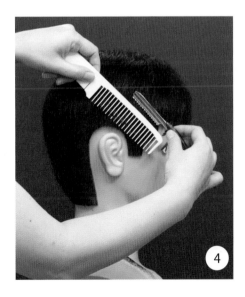

8) 앞머리 커트기법

① 센터 포인트 앞머리를 8cm로 커트한다.
② 센터 포인트에 8cm로 커트한 두발을 옆으로 당겨 옆머리와 연결시켜 커트한다.

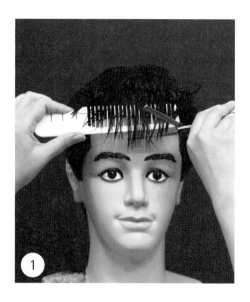
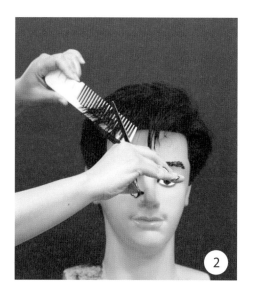

③ 페이스라인 앞머리를 가이드라인으로 하여 뒤쪽으로 당겨서 커트한다.
④ 커트될 섹션의 두발이 일반시술각 80° ±로 들려지게 잡는다.
⑤ 앞머리 마지막 섹션은 뒷부분에 커트된 두발과 연결시켜 커트한다.

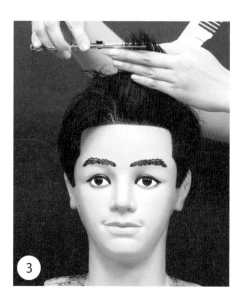
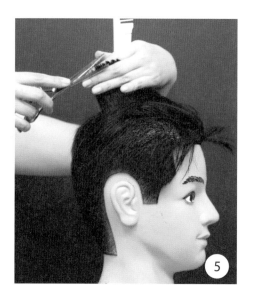

⑥ 앞머리 정중선의 두발을 옆머리 가장윗부분과 연결시켜 돌려깎기 한다.

⑦ 커트된 앞머리의 연결 상태를 확인한다.

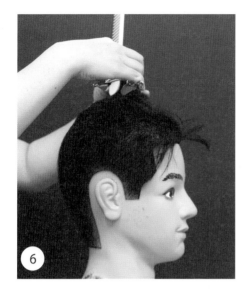

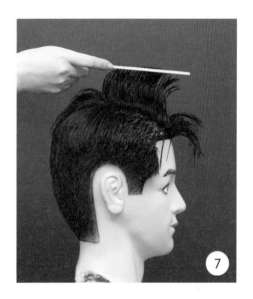

9) 마무리 수정커트 기법

① 가위를 세워 밀어깎기와 당겨깎기 기법으로 두발표면에 튀어나온 두발을 수정한다.

② 토끼클리퍼로 헤어라인 외곽을 깔끔하게 정리한다.

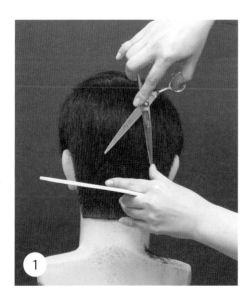

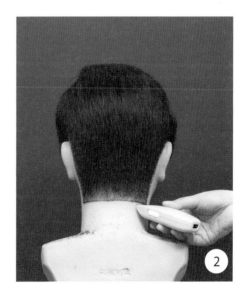

10) 스타일링(Styling)

① 가마의 성장방향을 따라 두발의 흐름을 만들어 준다.

② 가마를 중심으로 앞머리와 뒷머리가 경계지지 않게 한다.

③ 왼쪽 가르마 8:2로 한다.

④ 물을 분무하고 소량의 포마드를 손에 묻혀 두발 베이스부터 두발 끝까지 골고루 펴 바른다.

⑤ 드라이기로 앞머리에 뿌리를 살려 오른쪽 부분으로 자연스럽게 넘겨준다.

⑥ 옆머리는 볼륨이 들어가지 않도록 두피 쪽으로 바싹 붙여줘야 얼굴형이 갸름해 보인다.

Section III 브로스 커트(Brosse Cut)

1. 브로스 커트(Brosse Cut)의 정의와 종류

1) 브로스 커트(Brosse Cut)의 정의

① 브로스 커트(Brosse 프 Cut)는 솔에 달린 털처럼 짧고 빳빳이 위로 서있는 머리 스타일을 말한다.

② 브로스(Brosse 프)는 브러시(Brush 미)에 프랑스(France)어 단어로써 솔에 달린 짧은 털처럼 두발을 깎는 것을 비유해 붙여진 커트 스타일이다.

③ 편의상 여기서는 프를 삭제하고 브로스(Brosse)로만 표기하기로 한다.

④ 흔히 스포츠(Sports)형 스타일로 칭한다.

2) 탑 포인트(T.P)부위 수평깎기 넓이에 따른 종류

① 폼 페이드 브로스(Form Fade Brosse)

ⓐ 라운드 브로스(Round Brosse)형이다.

ⓑ 탑 포인트(T.P)에 수평깎기를 2~3cm 반경으로 한다.

ⓒ 탑 포인트(T.P)에 평면부위를 거의 둥글게 깎는 스타일이다.

② 브로스(Brosse)

ⓐ 약간 둥근형이다.

ⓑ 탑 포인트(T.P)에 수평깎기를 5~6cm 반경으로 한다.

ⓒ 브로스(Brosse) 모양처럼 두발이 빳빳이 위로 세워지게 깎는 스타일이다.

③ 스퀘어 브로스(Square Brosse)

ⓐ 각진형이다.

ⓑ 탑 포인트(T.P)에 수평깎기를 8~10cm 반경으로 한다.

ⓒ 골든 포인트(G.P)에 두상 곡면을 따라 두발을 각이 지게 깎은 스타일이다.

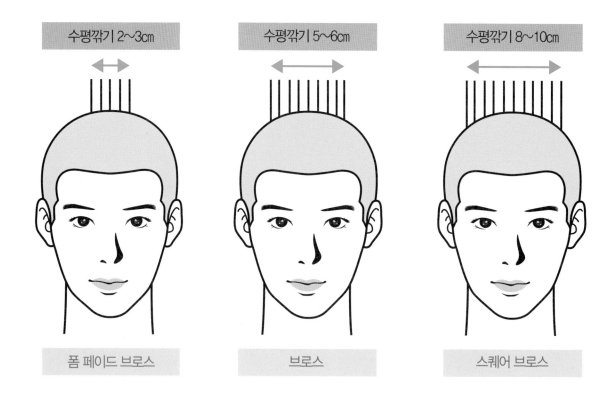

수평깎기 | 2~3cm	수평깎기 | 5~6cm	수평깎기 | 8~10cm
폼 페이드 브로스	브로스	스퀘어 브로스

3) 탑 포인트(T.P)부위 두발길이에 따른 종류

통상적으로 두발길이에 따라 성인스포츠, 학생스포츠, 군인스포츠로 부르고 있다.

① 성인스포츠

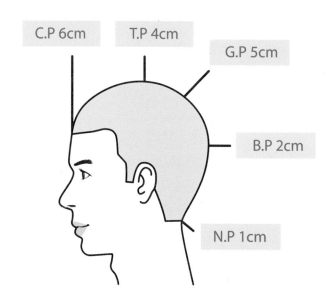

C.P 6cm T.P 4cm G.P 5cm B.P 2cm N.P 1cm

② 학생스포츠

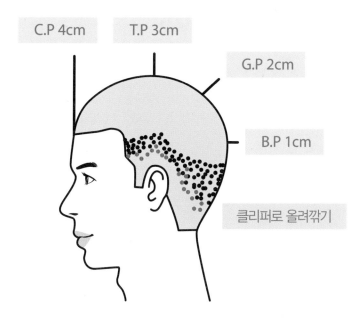

C.P 4cm　T.P 3cm　G.P 2cm　B.P 1cm　클리퍼로 올려깎기

③ 군인스포츠

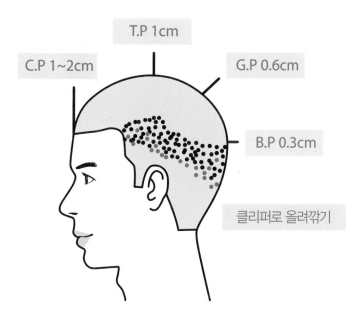

T.P 1cm　C.P 1~2cm　G.P 0.6cm　B.P 0.3cm　클리퍼로 올려깎기

4) 브로스 커트(Brosse Cut)의 시술개요

① 탑 포인트(T.P)에 가이드라인(Guide Line) 즉 짧고 빳빳이 서게 할 두발길이를 먼저 정한 다음 그 길이로부터 수평깎기 할 넓이를 설정하여 스타일의 종류를 선택한다.

② 탑 포인트(T.P)에 두발길이는 3㎝ 이하를 기준으로 해야만 위로 서있는 스타일을 만들 수 있다.

③ 가느다란 두발은 위로 빳빳이 서게 할 수 없어 브로스(Brosse) 커트에 적합하지 않다.

④ 브로스(Brosse) 커트는 두발길이가 짧아 머리숱이 적고 흉터가 있는 사람에게는 시술하지 않는다.

5) 두발의 각 잡기

① 수평깎기

ⓐ 탑 포인트(T.P)에 가이드라인(Guide Line)의 두발길이를 정하고 수평깎기 한다.

ⓑ 수평깎기한 표면위로 요철이 생기지 않게 한다.

ⓒ 두발이 자라나는 반대방향에서 빗살을 꽂아 진행한다.

ⓓ 빗살을 점점 눕히거나 빗등을 돌려 세우면서 두발길이를 조절해 깎는다.

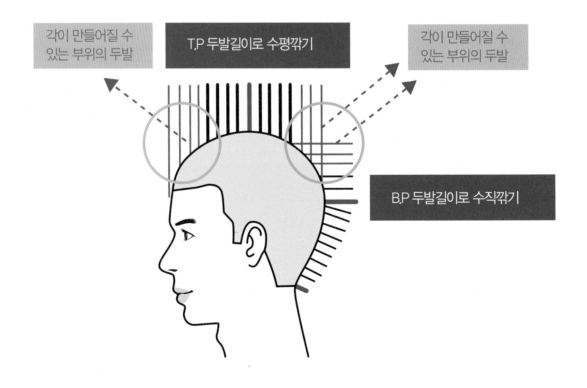

② 수직 깎기

    ⓐ 네이프라인(Nape Line)에서 백 포인트(B.P)까지 약간씩 길어지게 깎는다.

    ⓑ 백 포인트(B.P)에 두발 기준으로 골든 포인트(G.P)까지 수직깎기 한다.

    ⓒ 수직깎기한 표면에 요철이 생기지 않게 한다.

③ 각 만들기(수평깎기와 수직깎기의 경계부분)

    ⓐ 수평깎기와 수직깎기의 경계부위 골든 포인트(G.P) 주변으로는 빗등을 차츰 돌려 세우면서 두발이 위로 길어지게 깎는다.

    ⓑ 수직으로 깎은 정상의 두발을 빗으로 치켜 올려주면서 탑 포인트(T.P) 기준 높이와 동일하게 깎는다.

    ⓒ 사각(Square)형을 만들기 위해서는 수직깎기와 수평깎기 한 경계부분의 두발이 짧아지지 않아야 각이 형성된다.

    ⓓ 원형스타일은 수직깎기와 수평깎기한 두발이 짧게 커트되기 때문에 요철이 생기지 않도록 특히 더 주의해야 한다.

    ⓔ 골든 포인트(G.P) 주변으로 각이 만들어진 두발이 무겁게 보이지 않도록 틴닝 가위(Thinning Scissors)로 질감(Texture) 처리한다.

2. 성인 브로스 커트

1) 스타일(Style)

① 일반성인 스퀘어 브로스(Square Brosse) 형이다.
② 골든 포인트(G.P) 부위에 두발을 세워 탑 포인트(T.P) 기준 높이에 맞춰서 커트하는 스타일이다.

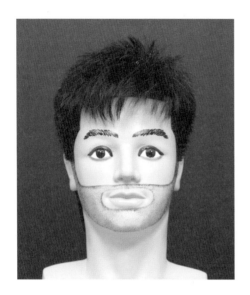
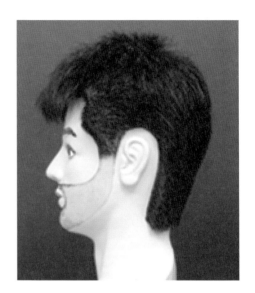

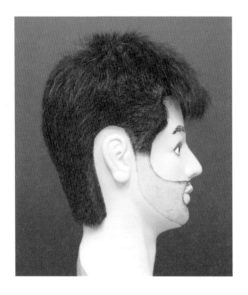
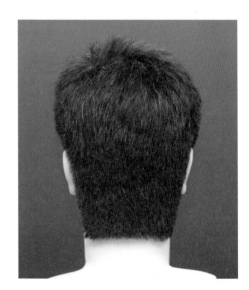

2) 커트기법

① 네이프라인(Nape Line)에 두발을 1cm로 커트한다.
② 골든 포인트(G.P) 부위까지 연속깎기(Shingling) 한다.
③ 커트 빗등을 눕히거나 돌려 세워가면서 두발이 길어지도록 조절하며 깎는다.

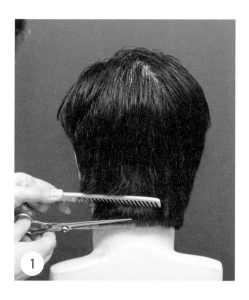

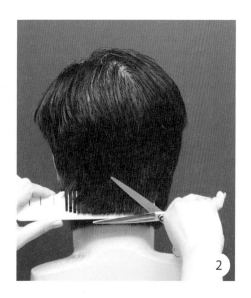

④ 골든 포인트(G.P) 밑 부분에 수직깎기한 두발을 위로 세워 빗어 올리면서 탑 포인트(T.P) 3cm 높이
　보다 더 긴 두발을 커트한다.
⑤ 수평깎기한 두발을 체크한다.

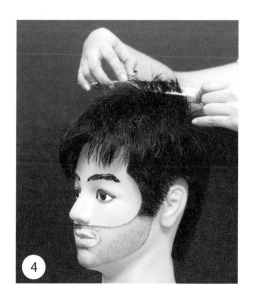

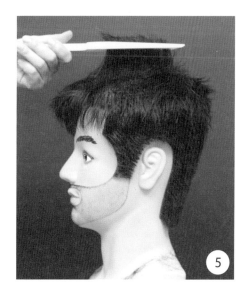

⑥ 빗을 수직으로 세워 연속깎기(Shingling) 기법으로 올려 깎는다.

⑦ 수직으로 올려 깎은 옆머리를 수평깎기한 두발과 지간깎기로 연결한다.

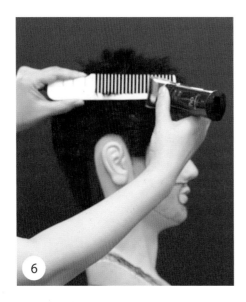

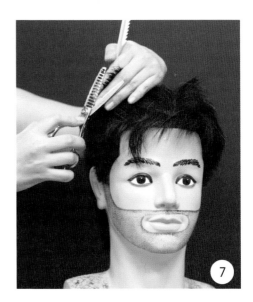

⑧ 뒷머리에 수직으로 깎아 올라간 두발을 확인한다.

⑨ 층의 흐름을 프로 클리퍼 보조 날을 끼워 두발 표면을 가볍게 훑어낸다.

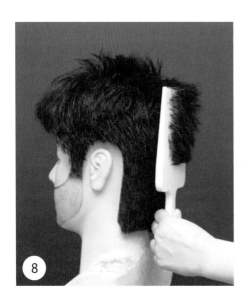

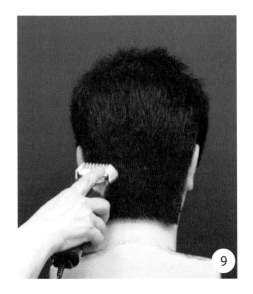

⑩ 구레나룻(Sideburns)는 표준형 스타일로 시술한다.

⑪ 귓바퀴를 따라 헤어라인(Hair Line)을 깨끗이 정리한다.

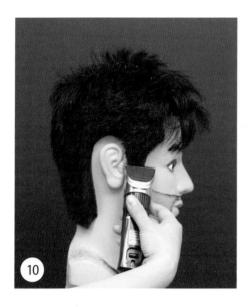
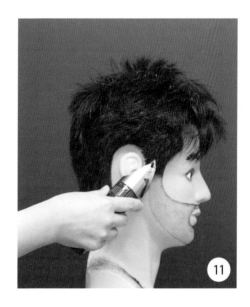

3) 스타일링(Styling)

① 브로스(Brosse) 커트는 짧은 머리 스타일로써 특별히 손질할 필요는 없다.

② 그러나 멋스러움을 더해주려면 소프트 왁스를 소량 바른 후 윗머리를 세워 방향성을 만들어 주면 한결 더 경쾌해 보인다.

3. 학생 브로스 커트

1) 스타일(Style)

① 중고등학교 남학생들의 짧고 단정한 스타일이다.
② 네이프라인(Nape Line)에서부터 클리퍼(Clipper)로 짧게 올려 깎는다.

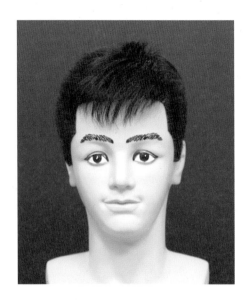
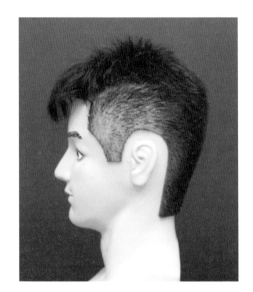
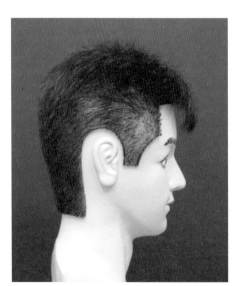
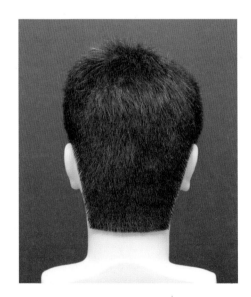

2) 커트기법

① 프로 클리퍼 보조 날을 9㎜로 끼워 네이프라인(Nape Line)에서 백 포인트(B.P)까지 올려
　깎는다.
② 백 포인트(B.P)까지 거의 같은 길이로 깎인 모양이다.

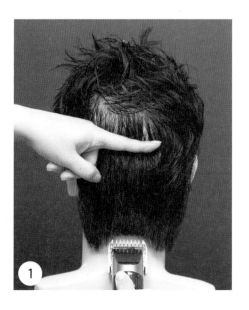
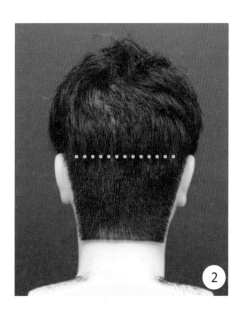

③ 커트 빗을 수직으로 세워 백 포인트(B.P)에서 골든 포인트(G.P)까지 수직으로 올려 깎는다.
④ 두상이 위쪽으로 점점 곡면인 점을 감안하여 빗살 끝이 두피방향으로 눕혀져서 올라가다가
　빗 등이 위로 세워지게 돌려 잡으면서 두발길이를 조절해 깎는다.

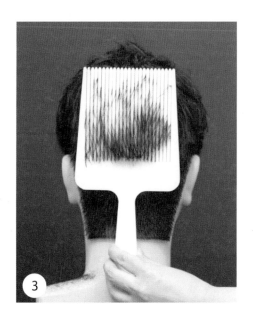
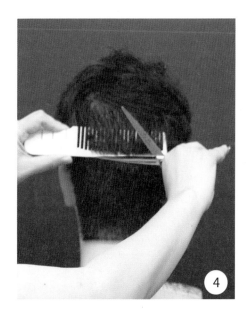

⑤ 골든 포인트(G.P)에서 탑 포인트(T.P)까지 빗등이 위쪽으로 향하게 돌려세워 탑 포인트(T.P)에 3cm 기준 높이까지 치켜 올려 깎는다.

⑥ 빗등이 위로 향하게 잡고 수평깎기로 진행한다.

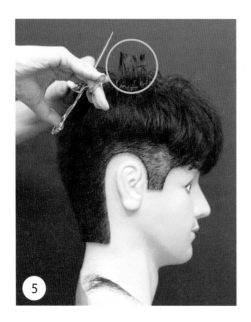

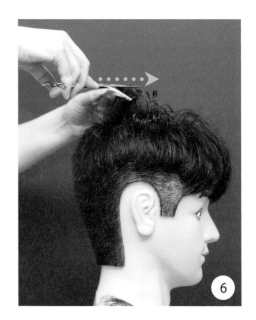

⑦ 구레나룻(Sideburns)는 표준형으로 맞추고 뒤쪽에 깎은 두발길이와 연결해 위로 수직깎기 한다.

⑧ 위쪽으로 올라가면서 빗등을 돌려세워 가며 두발이 길어지게 조절해 깎는다.

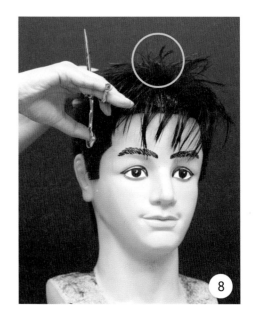

⑨ 탑 포인트(T.P)에 3cm기준 높이까지 빗을 세우면서 치켜 올려 깎는다.

⑩ 센터 포인트(C.P)에 두발을 옆머리 쪽으로 당겨 연결시켜 깎은 후 위쪽으로 치켜 올려 깎는다.

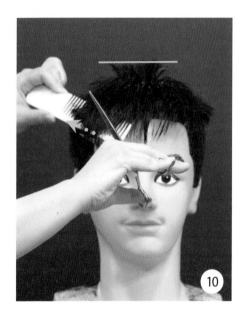

⑪ 가위를 세워 밀어깎기 기법으로 커트된 두발표면을 고르게 정리한다.

⑫ 오른쪽 사이드(Side)부터 시작하여 네이프(Nape)부분을 지나 왼쪽 사이드(Side)까지 연속동작으로 진행한다.

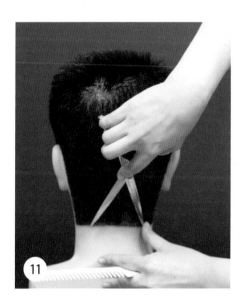

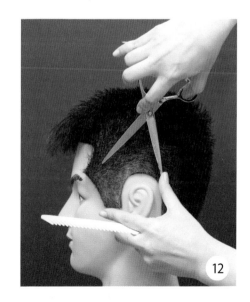

⑬ 왼쪽 사이드(Side)부분에서 중지손가락을 가위 움직이는 날(Moving Blade)에 대주고 당겨깎기로 되돌아온다.

⑭ 가위를 눕혀서 밀어깎기와 당겨깎기 기법으로 탑 포인트(T.P)부위에 수평깎기 한 두발표면을 고르게 정리한다.

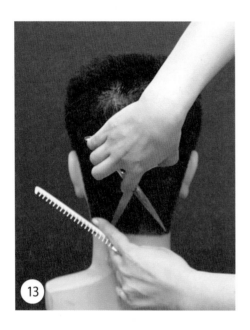
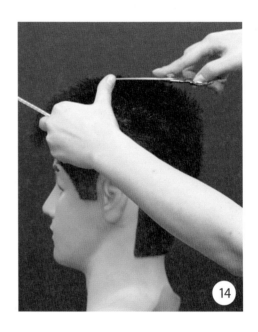

3) 스타일링(Styling)

학생 브로스(Brosse) 커트는 짧은 머리 스타일로써 특별히 손질할 필요가 없다.

4. 군인 브로스 커트

1) 스타일(Style)

① 브로스 커트(Brosse Cut) 중 가장 짧은 스타일이다.
② 폼 페이드 브로스(Form Fade Brosse) 즉 라운드 브로스(Round Brosse) 형이다.
③ 앞머리 부분을 제외하고는 두상의 모든 부위에서 두피가 보인다.

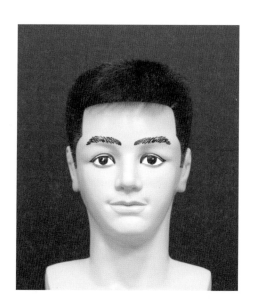
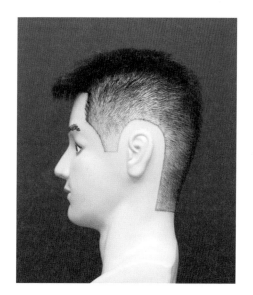
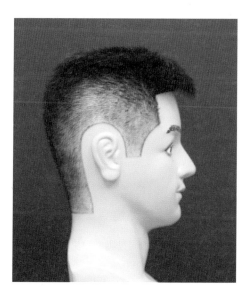
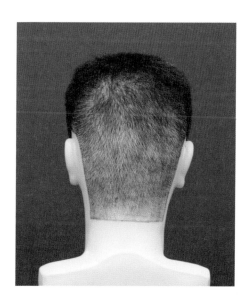

2) 커트기법

① 프로 클리퍼 보조 날을 3㎜로 끼워 네이프라인(Nape Line)에서 백 포인트(B.P) 부위까지 올려 깎은 후
다시 6㎜로 끼워 골든 포인트(G.P)까지 올려 깎는다.

② 골든 포인트(G.P) 부위에서는 클리퍼(Clipper)의 날을 두피로부터 조금씩 멀어지게 한 다음 탑 포인트
(T.P)까지 치켜 올려 깎는다.

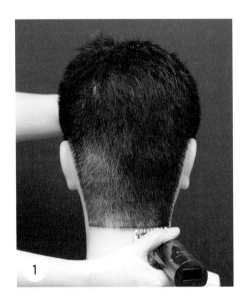
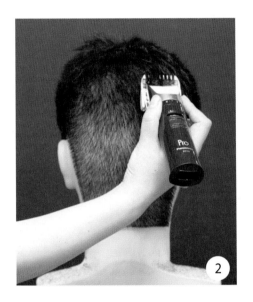

③ 프로 클리퍼 보조 날을 끼워 빗 위에서 깎는 기법으로 더디게 깎는다.
브로스(Brosse) 커트처럼 짧은 스타일을 시술할 때 두상곡면에 적용한다.

④ 두상곡면 부위마다 빗을 사선으로 대고 튀어나오는 두발을 커트한다.

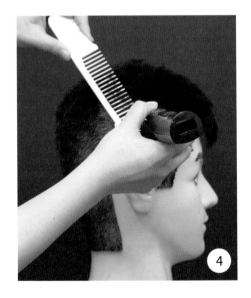

⑤ 양 사이드(Side)를 프로 클리퍼 보조 날 6mm를 끼워 짧게 커트한다.

⑥ 앞에서부터 뒤쪽으로 다시 역방향으로 진행시켜 두발의 색조를 고르게 한다.

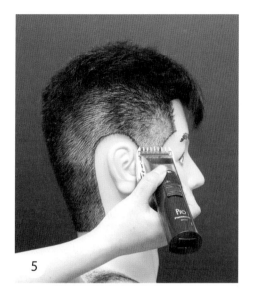
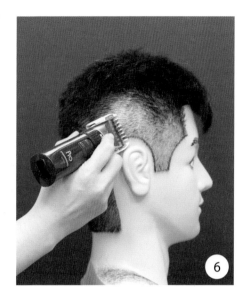

⑦ 소형 커트 빗을 두피에 바싹 붙이고 클리퍼 오버 콤(Clipper- Over- Comb) 기법으로 두발이
  위로 올라갈수록 점점 더 정교하게 길어지게 커트한다.

⑧ 커트 빗을 빼고 사이드라인(Side Line) 윗부분을 더 세심히 다듬는다.

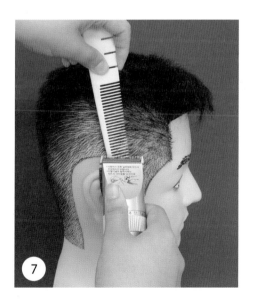
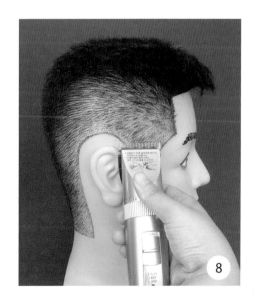

⑨ 얼굴 쪽에서 빗을 넣어 뒤쪽으로 진행해 깎는다.

⑩ 뒤쪽으로 진행하면서 탑 포인트(T.P)에 높이 기준과 수평을 맞춘다.

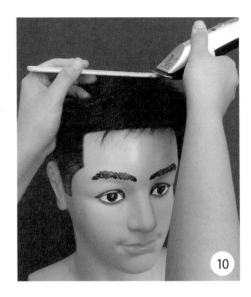

⑪ 프로 클리퍼 보조 날을 끼워 수평면에 요철이 생기지 않게 다듬는다.

⑫ 탑 포인트(T.P) 부위 2~3cm 반경 수평면을 커트 빗으로 확인한다.

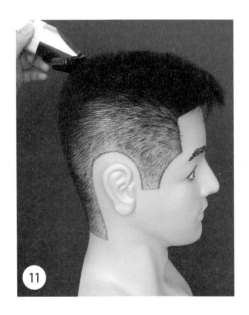

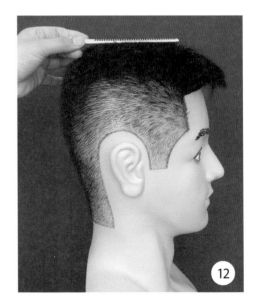

⑬ 귓바퀴 위에 커트 빗이 얹어지는 부위가 직선형 구레나룻(Sideburns)의 기준라인(Line)이다.

⑭ 기준라인(Line) 밑 부분을 토끼 클리퍼(Clipper)를 이용해 0cm로 정리한다.

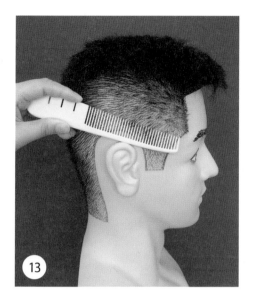 

⑮ 커트 빗이 얹어지는 기준라인(Line) 위쪽으로 두발이 정교하게 길어지도록 두피의 색조를 확인하며 커트한다. 두발이 길어지면 검은색상이 점점 더 많아진다.

⑯ 토끼 클리퍼(Clipper)로 네이프라인(Nape Line) 주변을 깨끗하게 다듬는다.

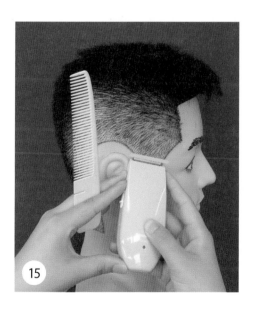 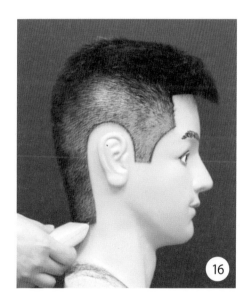

3) 스타일링(Styling)

군인 브로스 커트는 짧은 머리 스타일로써 특별히 손질할 필요가 없다.

Section IV 패션 커트(Fashion Cut)

1. 리젠트 커트(Regent Cut)

1) 스타일(Style)과 이미지(Image)

① 리젠트(Regent)의 사전적 의미는 섭정(자), 통치자, 군주, 지배자, 경영자이다.

② 미용적인 스타일의 의미로는 앞머리를 높이 세워 뒤로 빗질해 넘기고 옆머리도 뒤쪽으로 빗질하여 붙인다.

③ 이마가 들어나 보여 남성적인 정중함과 권위적인 이미지로 전체적인 분위기가 흐트러짐이 없이 정돈되어 엄격해 보이면서도 단정한 느낌을 줄 수 있다.

④ 결혼예식 등 예의를 갖춰야 하는 의전행사 등에 참여할 때 연출한다.

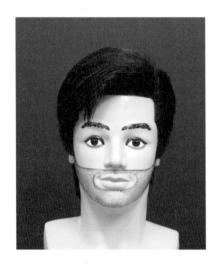
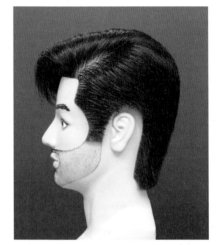
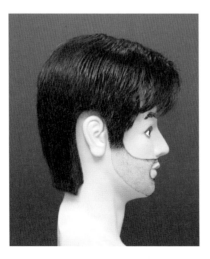
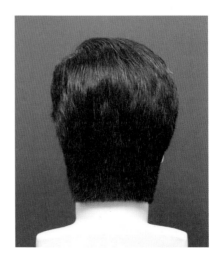

2) 시술개요

① 두발 층의 흐름은 연속적이고 위로는 차츰 길어지게 커트한다.

② 앞머리가 세워져서 볼륨의 방향을 T.P 또는 한쪽 옆으로 넘어가게 하려면 아래 그림처럼 앞머리 길이의 기준을 길게 먼저 설정한 다음에 시술각의 방향을 뒤쪽으로 약간씩 당겨지게 빗질하여 뒤로 조금씩 짧아지게 커트한다.

[앞머리가 빗질되는 시술각의 방향]

3) 커트기법

① 네이프라인의 두발을 1㎝로 커트한다.
② 네이프 사이드라인의 두발을 1㎝로 커트한다.
③ 인테리어(Interior) 부위를 지간깎기한다.
④ 뒷부분이 완성되면 두발의 흐름을 표면 빗질하면서 튀어나온 두발을 레져(Razor)로 훑어주며 튀어나온 두발을 수정한다.

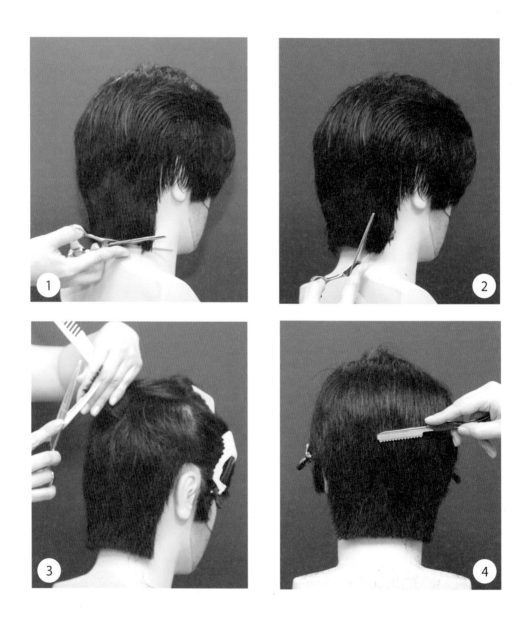

⑤ 구레나룻(Sideburns) 모양을 중 장발형 길이에 맞춘다.

⑥ 구레나룻(Sideburns)에 숱이 많으면 틴닝 가위로 질감(Texture)처리한다.

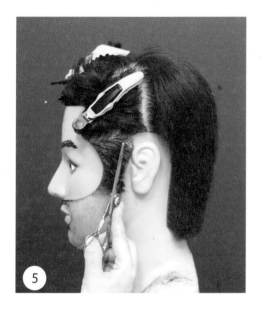
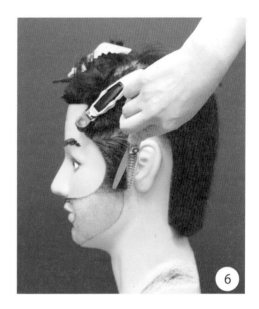

⑦ 사이드라인(Side Line)의 두발을 내려 이어 포인트(E.P) 길이와 동일하게 커트한 다음 전대각(Concave)으로 내려와 구레나룻(Sideburns)와 연결시킨다.

⑧ 귓바퀴를 따라 커트라인(Cut Line)을 연결한다.

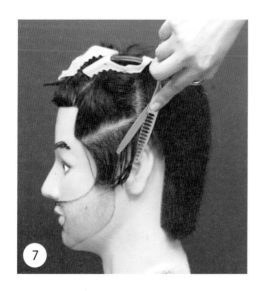
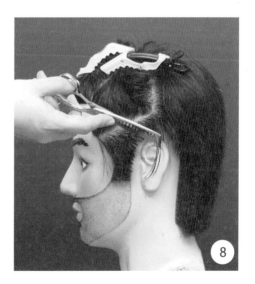

⑨ 옆머리를 위로 들어 앞머리와 연결시켜 돌려깎기 한다.

⑩ 앞머리를 옆머리 쪽으로 당겨서 가운데가 길어지게 커트한다.

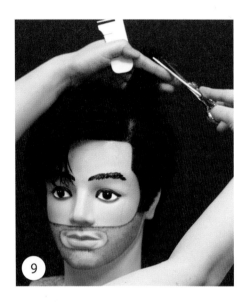 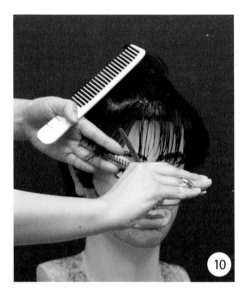

4) 스타일링(Styling)

① 두발에 포마드를 골고루 가볍게 바른다.

② 왼쪽 가르마(Part)로 가른다.

③ 드라이어로 두발의 뿌리를 세워주고 방향을 넘겨서 고정시킨다.

2. 댄디 커트(Dandy Cut)

1) 스타일(Style)과 이미지(Image)

① 댄디(Dandy)의 사전적 의미는 멋쟁이, 맵시꾼, 세련된 등을 뜻한다.

② 미용적인 스타일의 의미로는 전체적인 느낌을 깔끔하고 스마트(Smart)한 세련된 이미지로 연출하는 것을 말한다.

③ 앞머리를 일자로 내리거나 비대칭으로 연출한다.

④ 이마에 M라인이 심하거나 탈모가 진행 중인 고객의 단점을 보완해 줄 수 있는 스타일이다.

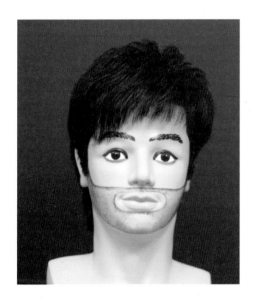
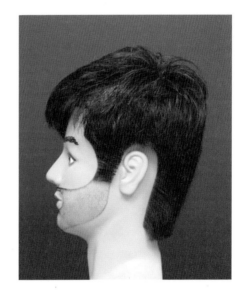
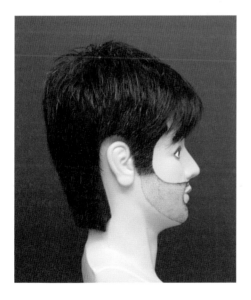
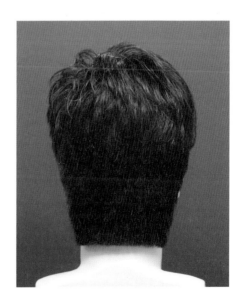

2) 시술개요

① 인테리어(Interior) 가마부위를 약간 길게 커트하여 볼륨을 줄 수 있게 한다.

② 가마부위에 두발을 길게 설정하여 커트한 다음에 앞머리 가이드라인의 길이를 정해 놓고 시술각의 방향을 앞머리 방향으로 빗질하며 커트한다.

③ 익스테리어(Exterior)와 헤어라인(Hair Line) 부위는 가볍고 단정하게 커트한다.

④ 앞머리는 이마위로 내려서 가르마(Part) 쪽 앞머리는 짧게 하고 가르마(Part) 반대쪽은 점점 더 길게 비대칭으로 시술하여 멋스러움을 더해준다.

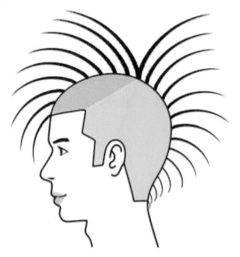

[앞머리가 빗질되는 시술각의 방향]

3) 커트기법

① 네이프라인(Nape Line) 두발을 1㎝ 길이로 틴닝 가위로 커트한다.

② 네이프 사이드라인(Nape Side Line) 두발을 1㎝ 길이로 틴닝 가위로 커트한다.

③ 두발 끝의 외곽선 윤곽이 뭉뚝하지 않으면서 자연스럽고 가볍게 보인다.

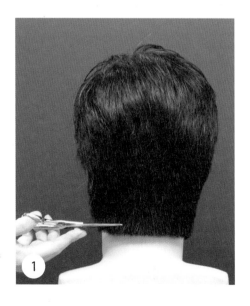
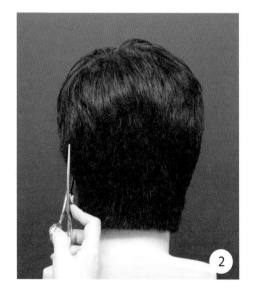

④ 익스테리어(Exterior) 부위를 연속깎기한다.

⑤ 구레나룻(Sideburns) 모양을 중장발형 스타일로 만든다.

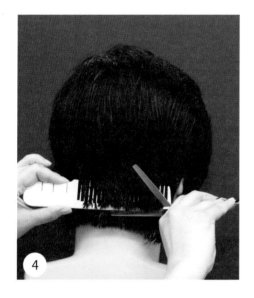 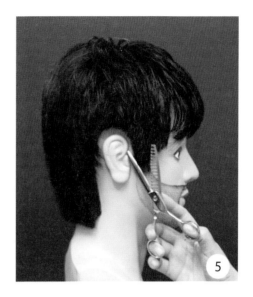

⑥ 두발 끝부분에 가벼움을 주기위해 틴닝 가위를 사용한다.

⑦ 왼쪽 가르마(part)를 기준으로 오른쪽 앞머리를 왼쪽으로 당겨서 커트한다.

⑧ 앞머리 위쪽에 두발을 질감(Texture) 처리한 후 두발 층의 흐름을 자연스럽게 해준다.

⑨ 앞으로 내려진 두발은 양쪽이 비대칭모양을 이룬다.

 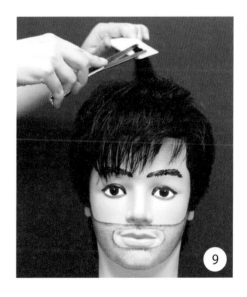

4) 스타일링(Styling)

① 먼저 두발에 물을 묻혀주고 왁스 양을 조금만 사용해 골고루 펴 바른다.

② 왼쪽 가르마(Part)로 가른다.

③ 가마(Hair Whirl) 부위에서 두발이 앞뒤로 나눠지는 흐름을 따라 방향성을 부여하고 볼륨을
   넣어 주면서 스타일링(Styling)한다.

3. 투 블록 커트(Two Block Cut)

1) 스타일(Style)

① 투 블록 커트(Two Block Cut)는 긴 두발과 짧은 두발이 서로 연결되지 않게 하는 비연결(DisConnection) 스타일이다.

② 양 사이드(Side)와 네이프(Nape)에 두발은 짧게 커트하고 나머지 두발은 길게 커트하는 방식이다.

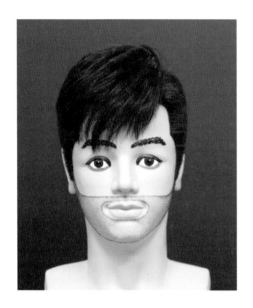
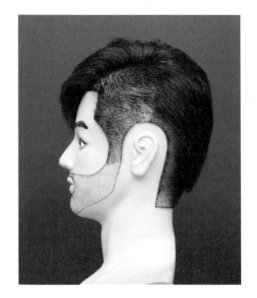
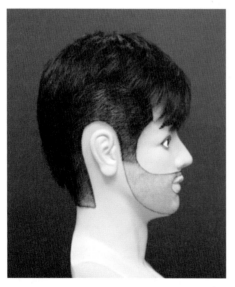
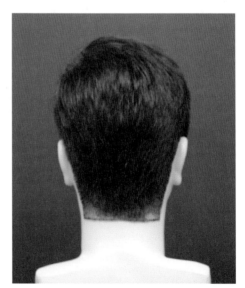

2) 시술개요

① 두피가 보이는 짧은 두발의 가이드라인(Guide Line)과 길게 커트할 두발의 가이드라인(Guide Line)을
   각각 다르게 설정한다.
② 긴 두발은 상고머리 기본형 스타일을 기준으로 층이 연속적이고 위쪽으로 길어지게 커트한다.
③ 짧은 두발은 프로 클리퍼로 깎는다.

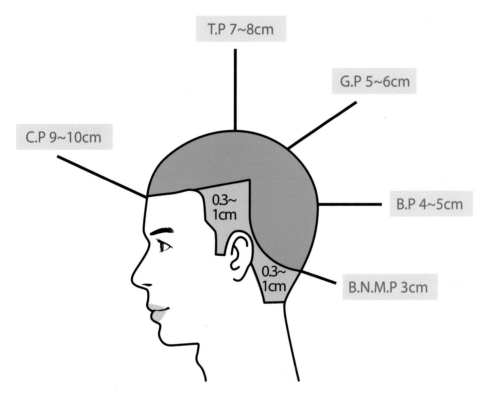

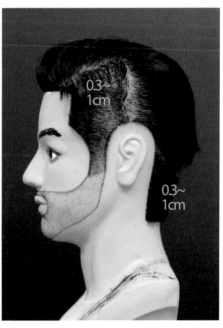

3) 블로킹(Blocking)

① 양사이드(Side)와 네이프(Nape) 부위에 짧게 커트할 블록(Block)을 설정한다.

② 양사이드(Side)는 프론트 사이드 포인트(F.S.P)에서 뒤로 나가 이어 백 포인트(E.B.P)에서 수직으로 올라간 선을 ㄱ자로 연결해 사각블록(Square Block) 모양으로 만든다.

③ 양사이드(Side)에 블록(Block) 크기가 동일하게 한다.

④ 네이프 부위는 이어 백 포인트(E.B.P)에서 백 네이프 미디움 포인트(B.N.M.P)로 내려가 양쪽을 U라인 블록(Block)으로 만든다.

⑤ 가운데 두발은 베이스(Base)에 물을 뿌려 빗질해 넘겨 놓는다.

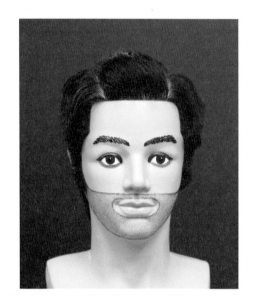
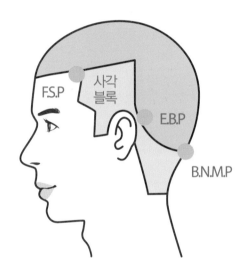

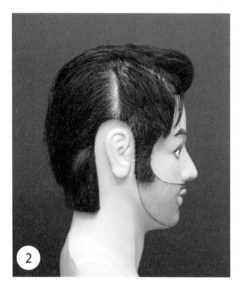
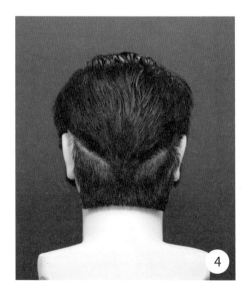

4) 커트 기법

① 네이프(U Line Block)

ⓐ 클리퍼(Clipper) 보조 날 9㎜를 끼워 두발길이를 9㎜± 커트한다.

ⓑ 네이프라인(Nape Line) 부위만 약간 짧게 커트한다.

② 양 사이드(Square Block)

ⓐ 클리퍼(Clipper) 보조 날을 9㎜로 끼워 두발길이가 거의 같게 커트한다.

ⓑ 사이드라인(Side Line) 밑 부분을 짧게 커트한 후 구레나룻(Sideburns)와 자연스럽게 연결시킨다.

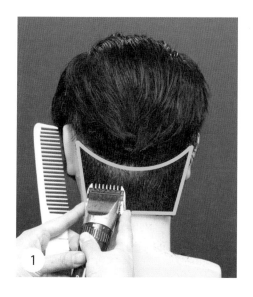

③ 프론트 사이드 포인트(F.S.P)에서 위로 길어질 가이드라인(Guide Line) 두발길이를 5~6㎝로 커트한다.

④ 빗어 내렸을 때 윗머리가 짧게 커트된 두발을 반 정도 덮어지게 한다.

⑤ 앞머리는 센터 포인트(C.P)의 두발길이를 10㎝로 커트하고 양옆으로 당겨서 길게 커트한 옆머리와 연결시켜 커트한다.

⑥ 윗머리는 자연스러운 질감(Texture) 표현을 위해 두발 끝을 가볍게 커트한다.

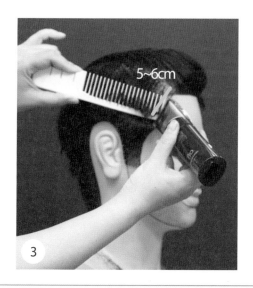

5) 스타일링(Styling)

① 윗머리를 위로 세우려면 손에 왁스를 묻혀 두발 베이스(Base)부터 끝부분까지 가볍게 골고루 펴 바른다.

② 손가락을 베이스(Base)에 넣어 양옆에서 가운데 쪽으로 두발을 세워준다.

③ 스타일을 고정시키려면 스프레이를 사용한다.

4. 모히칸 커트(Mohican Cut)

1) 스타일(Style)

① 모히칸족은 허드슨(Hudson)강 상류에 살던 북아메리카 원주민 집단의 이름이다.

② 파이터(Fighter) 선수들이 좋아하는 스타일(Style)로써 두발을 수탉 벼슬처럼 가운데로 좁게 한 줄만 남기고 나머지는 짧게 깎는 스타일(Style)이다.

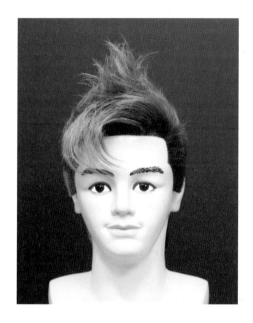

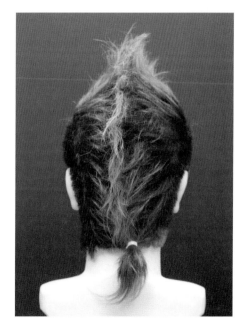

2) 시술개요

① 가운데 긴 두발은 수탉의 화려한 벼슬처럼 위로 솟구치게 가볍게 커트한다.

② 가운데 긴 두발길이는 12~13㎝의 유니폼 레이어(Uniform Layer)로 커트하고 백 네이프 미디움 포인트 (B.N.M.P)에서 밑으로는 약간 짧아지게 커트한다.

③ 네이프라인(Nape Line) 길이는 12~13㎝로 길게 해서 묶을 수 있게 한다.

④ 양 사이드(Side)에 짧은 두발길이는 1㎝±로 커트한다.

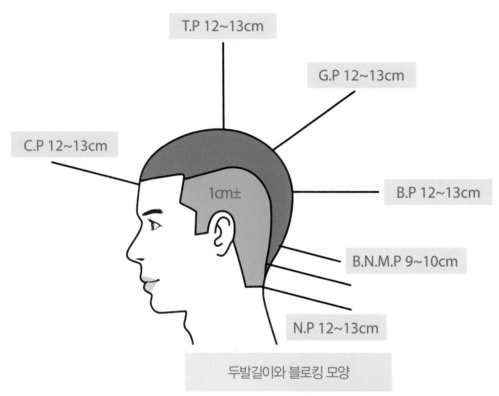

두발길이와 블로킹 모양

3) 커트기법

① 길게 커트할 가운데 부분의 두발을 중앙으로 모아 핀셋으로 고정한다.
② 짧게 올려 깎을 양 사이드(Side)의 범위가 동일한지 확인한다.
③ 짧게 올려칠 부위에 긴 두발은 작업이 편리하도록 가위로 대충 잘라놓고 클리퍼(Clipper)로 커트한다.
④ 클리퍼 오버 콤(Clipper Over Comb) 기법으로 짧게 커트한다.

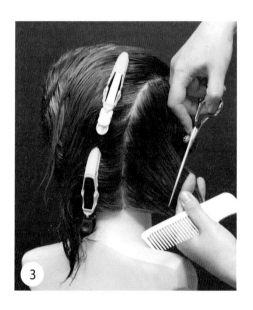 

⑤ 커트 빗을 위로 올려주면서 짧게 커트한다.
⑥ 짧게 커트되는 양 사이드(Side)의 두발길이와 범위가 동일한지 확인한다.

 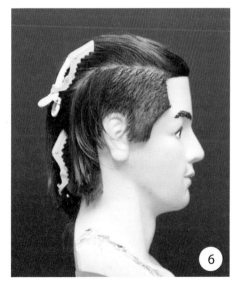

⑦ 중앙에 긴 두발은 곡선 날 틴닝 가위(Texture Thinning Scissors)를 이용한다.

⑧ 두발 끝이 깃털처럼 가볍게 보이게 커트한다.

⑨ 스트랜드(Strand)에 적당한 텐션(Tension)이 들어가게 잡는다.

⑩ 스트랜드(Strand) 밑 부분에서 두발 끝 쪽으로 C커브 모양을 그리듯이 점차적으로 가위를 빼내는 기법이다.

⑪ 손목 스냅(Snap)을 이용해 가위 끝으로만 두발을 한 올 한 올 조각하듯이 커트한다.

⑫ 베이스(Base)에 질감(Texture) 처리가 잘 되어있지 않으면 두발을 세울 수 없으므로 두발이 넘어가는 방향성을 구분하여 시술한다.

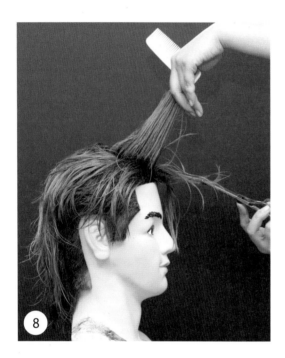 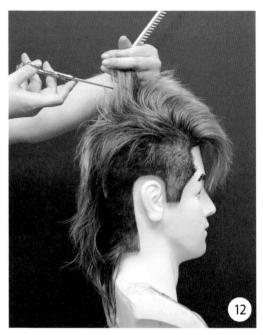

4) 스타일링(Styling)

① 두발 베이스(Base)에 손가락을 넣고 두발을 위로 세운다.

② 왁스를 두발에 마사지하듯 가볍게 골고루 펴 바른다.

③ 빗살이 굵은 빗으로 빗질하고 손가락으로 두발 끝을 세우면서 세팅한다.

④ 스프레이를 사용해 스타일을 고정시킨다.

5. 샤기 커트(Shaggy Cut)

1) 스타일(Style)

① 샤기 커트(Shaggy Cut)는 두발이 정돈되어 있지 않고 자유분방하게 헝클어진 스타일을 말한다.
② 두발 끝이 깃털처럼 가볍게 점차적으로 가늘게 커트되어야 한다.

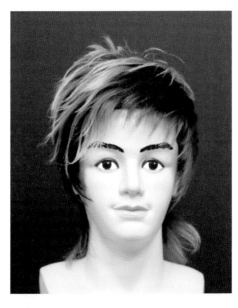 

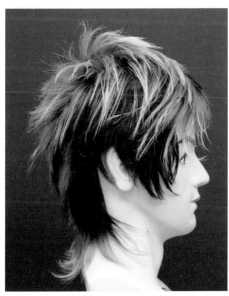 

2) 시술개요

① 인크리스 레이어(Increase Layer)로 위쪽은 짧고 밑으로는 길어지게 커트한다.

② 곡선 날 틴닝 가위(Texture Thinning Scissors)를 이용한다.

③ 스트랜드(Strand)에 적당한 텐션(Tension)이 들어가게 잡는다.

④ 스트랜드(Strand) 밑 부분에서 두발 끝 쪽으로 C커브 모양을 그리듯이 점차적으로 가위를 빼내는 기법이다.

⑤ 손목 스냅(Snap)을 이용해 가위 끝으로만 두발을 한 올 한 올 조각하듯이 커트한다.

⑥ 같은 위치에서 반복하면 두발 끝이 점차적으로 가늘어지면서 길이도 감소된다.

⑦ 두발 숱이 뭉쳐있는 부분에 이 기법으로 질감(Texture) 처리한다.

3) 커트기법

① 어깨위에 떨어지는 두발 외곽선의 윤곽을 자유롭게 표현한다.

② 가볍게 보이는 두발과 블런트(Blunt)한 두발이 비연결(Disconnection) 상태로 공존하며 스타일의 멋스러움을 더 상승시켜준다.

③ 블런트(Blunt)한 외곽선의 윤곽은 가위로 커트한다.

④ 가마(Hair Whirl)를 중심으로 두발방향이 가볍게 흐를 수 있게 커트한다.

⑤ 앞머리 끝을 가볍게 커트한다.

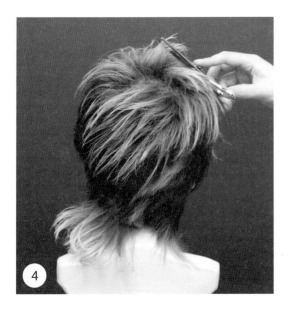

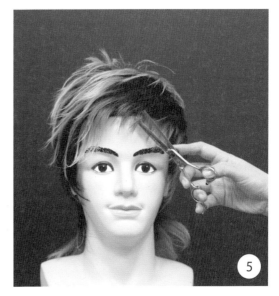

4) 스타일링(Styling)

① 왁스를 두발 끝에 가볍게 묻힌다.

② 두발 가닥을 꼬리 빗으로 얇게 떠올린다.

③ 두발 끝부분이 뾰족하게 모아지도록 손가락 끝으로 가늘게 뽑아준다.

④ 스프레이를 사용해 스타일을 고정한다.

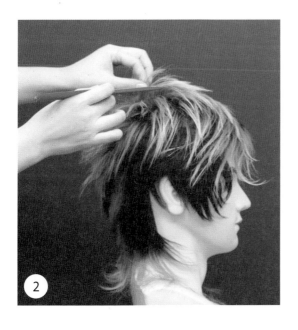

02

이용사 실기

MEN'S CUT MASTER

CHAPTER 01

이용사 시험정보

Section I 이용사 필기&실기시험 정보

1. 시행기관 및 출제기준

1) 시행기관

① 한국산업인력공단

② 한국산업인력공단 Q-NET에 연간 기능사회별 검정시행일정을 참고한다.

③ 일반인은 연3회 응시가능

④ 응시자격 : 제한 없음

2) 필기시험

① 필기 출제기준
  ⓐ 이용이론 20문항
  ⓑ 공중보건학 10문항
  ⓒ 소독학 10문항
  ⓓ 피부학 10문항
  ⓔ 공중위생법규 10문항

② 소요시간 : 1시간

③ 합격기준
  ⓐ 객관식 4지 택일형 60문항 중 36개(60점) 이상
  ⓑ 합격한 날로부터 2년간 실기시험에 응시할 수 있다.

3) 실기시험

① 작업형 출제기준
  ⓐ 기구정비 및 소독술
  ⓑ 조발술
  ⓒ 면체술
  ⓓ 세발술
  ⓔ 정발술
  ⓕ 아이론

② 소요시간 : 1시간 30분정도

③ 합격기준 : 100점 만점에 60점 이상

2. 실기시험 과제별 시험시간

1) 성인남자의 보통조발 과제와

2) 장교머리형 과제에 적용되는 시험시간

구 분	시 험 과 목	제한시간
제1과제	기구정비 및 소독술	5분
제2과제	조 발 술	25분
제3과제	면 체 술	15분
제4과제	세 발 술	10분
제5과제	정 발 술	15분
	샴푸	5분
제6과제	아 이 론	20분

3) 라운드 브로스 커트(둥근 스포츠형) 과제에 적용되는 시험시간

구 분	시 험 과 목	제한시간
제1과제	기구정비 및 소독술	5분
제2과제	조 발 술	35분
제3과제	면 체 술	15분
제4과제	세 발 술	10분
제5과제	아 이 론	20분

※ 총점이 60점 이상이면 합격이지만 1~6과제 중 어느 한 과제라도 작품을 미완성 할 경우에는 불합격 처리된다.

3. 수험자 지참 준비물

1) 재료목록

일련 번호	재 료 명	규 격	단위	수량	비고
1	남성용 마네킹 (면체가 가능하고 재질이 부드럽고 말랑한 것)	앞머리 10cm이상 뒷머리(발제선부분) 2cm 이상의 면체 시술 가능한 수염이 나있는 마네킹 (수염의 길이는 1cm이상)	EA	1	양미간에도 면체가 가능하 고 사전에 질감처리, 약품 처리, 아이론 작업을 하지 않은 것
2	가위	조발용	EA	1	이용용 장 가위
3	틴닝가위(집게가위)	조발용	EA	1	
4	빗	조발용(대.중.소)	EA	1	각1
5	빗	정발용	EA	1	
6	면도(칼)	면체용	EA	1	이용용 면도기, 면도날 포함
7	면도컵 및 브러시	면체용 비누포함	개	1	각1
8	커트보	조발용	장	1	
9	샴푸보	세발용	장	1	
10	타월	흰색	장	6	6장 이상
11	털이게	조발용	개	1	
12	위생복	이용사용	벌	1	
13	위생마스크	면체용	EA	1	
14	물뿌리개(분무기)	조발용	EA	1	
15	로션	남성용 50㎖/병	병	1	사용하던 것도 무방함
16	스킨	남성용 50㎖/병	병	1	〃
17	헤어크림	남성용 50㎖/병	병	1	〃
18	포마드	남성용 50㎖/병	병	1	〃
19	샴푸	세발용 50㎖/병	병	1	좌식샴푸용 용기포함
20	천가분(파우더)	조발용	Set	1	사용하던 것도 무방함

일련 번호	재 료 명	규 격	단위	수량	비고
21	목종이(넥 페이퍼)	두루 말이	cm	1	사용하던 것도 무방함
22	크리넥스	화장용	장	15	〃
23	크레졸	기구소독용50%, 20㎖/병	병	각1	〃
24	헤어드라이	정발용(110–220V)	EA	1	
25	전기바리캉	건전지용 ((DC1,2V이상)	개	1	덧빗(덧날) 및 자동조절(프로) 바리캉 지참불가
26	아이론	6mm, 12mm	Set	1	각1
27	아이론 오일	아이론 작업용	통	1	
28	아이론 빗	아이론 작업용	EA	1	
29	다운 트랜스	220→110V (110V용 기구 사용시)	기타	1	110V용 기구 사용시에만
30	위생봉지	(투명비닐)	EA	1	쓰레기 처리용

2) 주의사항

① 수험자는 소독술 작업에서 전기바리캉 날과 몸체를 분리하여 소독액에 담궈 소독후 재결합을 하시오.
　(단, 윗날은 분해하지 않음)

② 소독 시 소독제의 자극취를 피하고 제품의 파손이 없도록 하시오.

③ 소독액은 크레졸 비누액을 사용하며, 94:6의 희석비율로 희석액을 만들어 바리캉의 날을 소독하시오.

④ 조발순서는 바르고 체계 있는 순서가 되도록 하고, 바리캉 사용 시 덧날과 빗은 사용하지 마시오.

⑤ 조발 시 두발 양에 따른 얼굴형과 조화를 위하여 이용용 가위 (장 가위, 틴닝 가위 등)를 사용하여 작업하시오.

⑥ 면체시술 시 이용용 면도날을 사용하며 안전에 유의하여 작업하시오.

⑦ 화장품을 사용할 때 오염이 없도록 하며, 용기의 파손이 없도록 유의하시오.

⑧ 다음과 같은 경우는 득점과 관계없이 채점대상에서 제외되므로 유의하시오.

　ⓐ 중도포기하거나 한 과정이라도 응시하지 않은 경우

　ⓑ 수험 중 검정장을 무단이탈하는 경우

　ⓒ 수험 중 타인의 도움을 받거나 타인의 수험에 방해를 한 경우

⑨ 이용용 드라이기와 아이론은 220V기기를 사용하시오. (단 110V기기는 다운트랜스 지참하여 사용가능함)

⑩ 바리캉의 경우, 덧날 및 자동조절 바리캉의 사용을 금지하므로 유의하시오.

⑪ 아이론 과제 시작 전 별도의 사전 샴푸 시간 5분을 부여합니다. (성인 남자의 보통 조발과 장교머리형
　에만 해당함)

⑫ 제시된 도구 및 기구 이외의 것을 사용 시, 해당과제 채점대상에서 제외됩니다.

※ 부정의 소지가 있는 특별한 표식이 있는 재료나 공구를 준비해 온 경우, 마네킹에 필요이상의 사전 작업
　을 해온 경우(사전 질감처리, 약품처리, 아이론 작업처리 등) 채점대상에서 제외될 수 있습니다.

3) 마네킹의 두발길이 사전준비 참고도면

앞머리 10㎝이상, 뒷머리(발제선 부분) 2㎝이상의 면체시술이 가능한 수염이 나있는 마네킹(수염 길이는 1㎝ 이상) 단, 이용사 실기시험의 남성용 마네킹은 면체가 가능하고 재질이 부드럽고 말랑한 것으로 밑에 도면은 제시된 길이만 참고하시기 바랍니다.

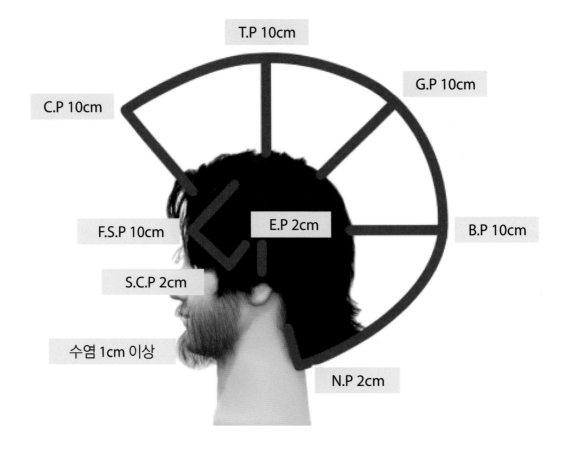

Section ‖ 국가기술자격 실기시험 문제 유형

1. 성인남자의 보통조발

※ 시험시간 : 1시간 30분(사전샴푸시간 5분별도)

[요구사항]

순위	작업명	작업요령	제한시간	유의사항
1	기구정비 및 소독술	– 소독약을 적정비율로 조제한다. – 바리캉의 날을 분리한다. – 소독한 후 재결합한다.	5분	– 소독약의 취급 –소독약 제조(비율) – 소독처리 및 바리캉 재결합에 유의한다.
2	조발술	– 바리캉과 가위 등을 사용하여 머리카락이 귀 부분을 덮지않은 단정한 머리형으로 조발한다. – 바리캉을 네이프라인 2cm 이하, 사이드라인 1cm 이하의 범위로만 올려깎기한다. – 바리캉 부위 접합부를 가위로 그라데이션 시킨다.	25분	– 두발은 가지런하고 현대감각의 자연스러움과 전체적인 색조와 균형이 이루어져야 한다.(뒷면도 포함) – 바리캉 사용시 덧날과 빗은 사용할 수 없다.
3	면체술	– 마네킹의 얼굴을 면체한다.	15분	– 면체술의 제반원리에 입각하여 시술한다.
4	세발술	– 마네킹의 두발을 좌식 세발한다.	10분	– 세발술의 순서 및 원리에 입각하여 세발한다.
5	정발술	– 이용용 드라이어와 일자 빗을 사용하여 조발한 두발의 앞머리를 세워준다. – 옆머리를 구부려 정리한다. – 가르마는 마네킹의 좌측 7:3 가르마로 표현한다.	15분	– 두발의 기초손질 후 마네킹의 두발성질에 적합한 정발용품을 선택하여 사용한다. – 작품의 초점, 크기, 흐름 및 전체 조화미가 있도록 시술하며 필요시 작품을 보정한다.
6	아이론	– 마네킹 전두부의 두발을 아이론한다. (사전 샴푸 시간 5분 별도)	20분	– 와인딩의 배열, 균일성에 유의하여 와인딩한다. – 아이론기 12mm를 사용하여 센터 중심에 수평 9개 이상, 양사이드에 사선으로 5개 이상을 와인딩한다.

2. 장교머리형

※ 시험시간 : 1시간 30분(사전샴푸시간 5분별도)

[요구사항]

순위	작업명	작 업 요 령	제한 시간	유의사항
1	기구정비 및 소독술	- 소독약을 적정비율로 조제한다. - 바리캉의 날을 분리한다. - 소독한 후 재결합한다.	5분	- 소독약의 취급 -소독약 제조(비율) - 소독처리 및 바리캉 재결합에 유의한다.
2	조발술	- 바리캉과 가위 등을 사용하여 머리카락이 귀 부분을 덮지않은 단정한 머리형으로 조 발한다. - 바리캉을 네이프라인 3cm 이하, 사이드라 인 2cm 이하의 범위로만 올려깎기한다. - 바리캉 부위 접합부를 가위로 그라데이션 시킨다.	25분	- 두발은 가지런하고 현대감각의 자연스 러움과 전체적인 색조와 균형이 이루어 져야 한다.(뒷면도 포함) - 바리캉 사용시 덧날과 빗은 사용할 수 없다.
3	면체술	- 마네킹의 얼굴을 면체한다.	15분	- 면체술의 제반원리에 입각하여 시술한다.
4	세발술	- 마네킹의 두발을 좌식 세발한다.	10분	- 세발술의 순서 및 원리에 입각하여 세발 한다.
5	정발술	- 이용용 드라이어와 일자 빗을 사용하여 조 발한 두발의 앞머리를 세워준다. - 옆머리를 구부려 정리한다. - 가르마는 마네킹의 좌측 7:3 가르마로 표 현한다.	15분	- 두발의 기초손질 후 마네킹의 두발성질에 적합한 정발용품을 선택하여 사용한다. - 작품의 초점, 크기, 흐름 및 전체 조화미 가 있도록 시술하며 필요시 작품을 보정 한다.
6	아이론	- 마네킹 전두부의 두발을 아이론한다. (사전 샴푸 시간 5분 별도)	20분	- 와인딩의 배열, 균일성에 유의하여 와인 딩한다. - 아이론기 12mm를 사용하여 센터 중심 에 수평 9개 이상, 양사이드에 사선으로 5개 이상을 와인딩한다.

3. 라운드 브로스 커트(둥근 스포츠형)

※ 시험시간 : 1시간 25분

[요구사항]

순위	작업명	작업요령	제한 시간	유의사항
1	기구정비 및 소독술	– 소독약을 적정비율로 조제한다. – 바리캉의 날을 분리한다. – 소독한 후 재결합한다.	5분	– 소독약의 취급 – 소독약 제조(비율) – 소독처리 및 바리캉 재결합에 유의한다.
2	조발술	– 마네킹의 머리를 얼굴형에 조화시켜 스로 츠형으로 특수조발한다. – 바리캉을 네이프라인 4cm 이하, 사이드라인 3cm 이하의 범위로 올려깎기한 후 바리캉부 위 접합부를 가위로 그라데이션 시킨다.	35분	– 특수조발의 제반원리에 입각하여 시술한 다. (뒷면도 포함, 바리캉의 사용범위는 작업요령에 준함)
3	면체술	– 마네킹의 얼굴을 면체한다.	15분	– 면체술의 제반원리에 입각하여 시술한다.
4	세발술	– 마네킹의 두발을 세발한다.	10분	– 세발술의 순서 및 원리에 입각하여 세발 한다.
5	아이론	– 마네킹 전두부의 두발을 아이론한다.	20분	– 와인딩의 배열, 균일성에 유의하여 와인 딩한다. – 아이론기 6mm를 사용하여 센터 중심에 수평 9개 이상, 양사이드에 사선으로 5 개 이상을 와인딩한다.

MEN'S CUT MASTER

CHAPTER 02

이용사 실기종목 기술

Section I   기구정비 및 소독술

1. 기구정비

1) 기구정비 요령

　① 가위, 틴닝가위, 면도날, 레져는 타월위에 올려놓고 사용도중 소리가 나지 않도록 한다.
　② 커트보(흰색), 세발앞장(무채색 계통의 비닐제품)은 단정하게 접어 올려놓는다.
　③ 타월(흰색)은 작게 접어 쌓아 놓는다.

2) 준비용품 정돈

　소독용품, 면체용품, 화장용품, 정발용품을 구분해 먼저 사용하게 될 물품이 앞쪽에 오도록 정돈한다.

2. 소독술의 개요

1) 준비용품

① 소독약제 ② 교반기 ③ 비이커 ④ 메스실린더 ⑤ 스파튤라 ⑥ 핀셋 ⑦ 화장지 ⑧ 클리퍼 ⑨ 오일

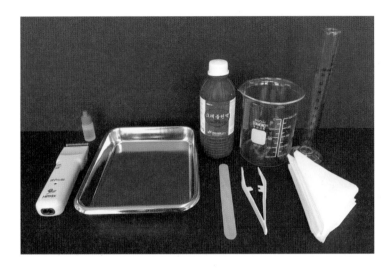

50% 비누액   100% 원액

2) 소독약제

① 크레졸 비누액(50%) 또는 크레졸 원액(100%)으로 표기된 시약병을 지참한다.
② 크레졸 비누액(50%)은 약국에서 구입할 수 있다.
③ 크레졸 원액(100%)은 화공약품 전문점에서만 구입 가능하다.
④ 실기시험 지참물에 위 두가지 중 1가지를 선택해 3%의 소독용액을 만든다.

3) 크레졸 비누액(50%)의 희석비율

① 100㎖ 소독용액 : 물 94㎖ + 크레졸원액 6㎖를 희석한다.
② 200㎖ 소독용액 : 물 188㎖ + 크레졸원액 12㎖를 희석한다.
③ 300㎖ 소독용액 : 물 282㎖ + 크레졸원액 18㎖를 희석한다.

4) 크레졸 원액(100%)의 희석비율

① 100㎖ 소독용액 : 물 97㎖ + 크레졸원액 3㎖를 희석한다.
② 200㎖ 소독용액 : 물 194㎖ + 크레졸원액 6㎖를 희석한다.
③ 300㎖ 소독용액 : 물 291㎖ + 크레졸원액 9㎖를 희석한다.

3. 소독술 실기시험 종목

1) 크레졸 비누액(50%)의 소독용액 300㎖ 배합

① 메스실린더에 크레졸 비누액(50%) 18㎖를 채운다.
② 비이커에 물 282㎖를 채운다.

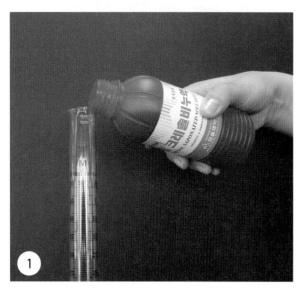

③ 크레졸 비누액(50%) 18㎖를 비이커에 붓고 소독용액 300㎖를 확인한다.
④ 스파튤라로 잘 섞는다.

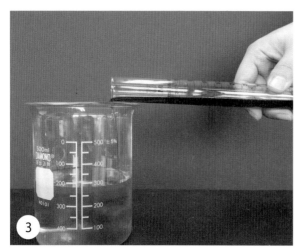
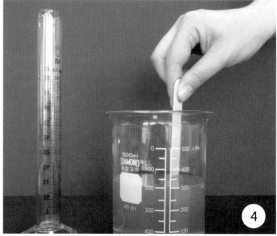

⑤ 비이커에 희석된 소독용액을 교반기에 붓는다.

⑥ 클리퍼 날을 분리한 후 즉시 손을 들어 분리한 것을 시험위원에게 알린 후에 교반기 소독용액에 담그고 10초정도 기다린다.

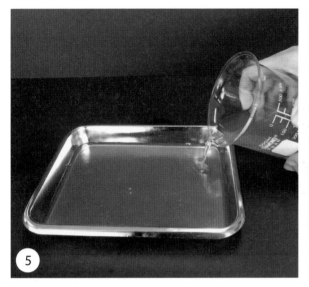

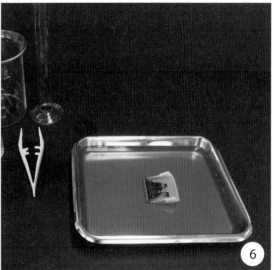

⑦ 핀셋으로 클리퍼 날을 건져 올린다.

⑧ 클리퍼 날을 티슈 위에 올려놓고 소독용액을 깨끗하게 닦는다.

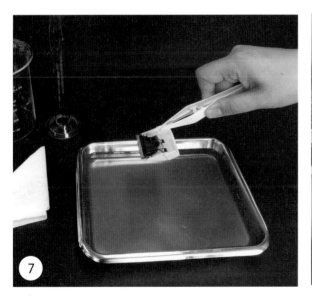

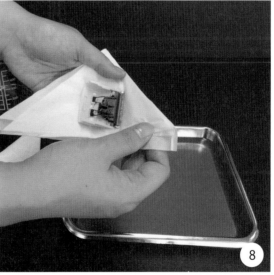

⑨ 클리퍼 날을 재결합하고 오일을 주입한다.

⑩ 클리퍼 스위치를 넣고 작동여부가 소리로 들리게 한 후 손을 들어 감독위원의 확인을 받고 난 후
스위치를 끈다.

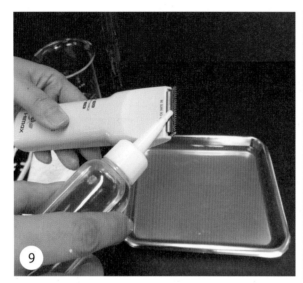
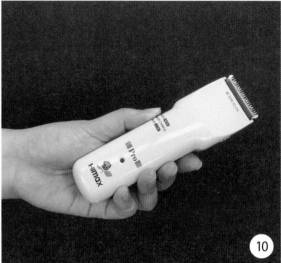

⑪ 교반기에 남아있는 소독용액은 감독위원의 지시를 받은 후 세면대에 버린다.

⑫ 사용한 교반기와 비이커 메스실린더를 뒤쪽으로 정돈하고 세면대 주변에 물기 등을 티슈로 닦는다.

2) 크레졸 원액(100%)의 소독용액 300㎖ 배합

① 메스실린더에 크레졸 원액 9㎖를 채운다.
② 비이커에 물 291㎖를 채운다.

③항~⑫항까지는 크레졸 비누액(50%) 소독방법과 동일하게 한다.

3) 시험정보 Tip

① 클리퍼(Clipper)의 분리 결합의 손동작을 능수능란하게 한다.
② 소독약의 희석농도를 정확한 비율로 맞추고 진중한 자세로 임한다.
③ 소독약병의 파손이 없도록 하고 흘리지 않도록 주의하되 만약 흘렸다면 당황하지 말고 티슈로
   깨끗이 닦은 후 다음 동작을 진행한다.
④ 비이커 등의 부딪치는 소리가 나지 않도록 한다.

Section II 조발술

1. 조발술의 개요

1) 조발술의 정의

① 조발술은 두발을 커트하는 기술을 말한다.
② 가위, 틴닝 가위, 클리퍼, 레져 등의 기구를 사용하여 두발을 가지런하고 현대 감각의
자연스러움과 전체적인 색조와 균형이 이루어지도록 커트한다.

2) 준비용품

① 마네킹 ② 클리퍼(날의 길이 조절이 되지 않는 것) ③ 가위 ④ 틴닝 가위
⑤ 레져 ⑥ 분무기 ⑦ 털이솔 ⑧ 목지 ⑨ 파우더 ⑩ 타월 ⑪ 면도기
⑫ 면도로션 ⑬ 커트 빗 ⑭ 커트보 ⑮ 스펀지

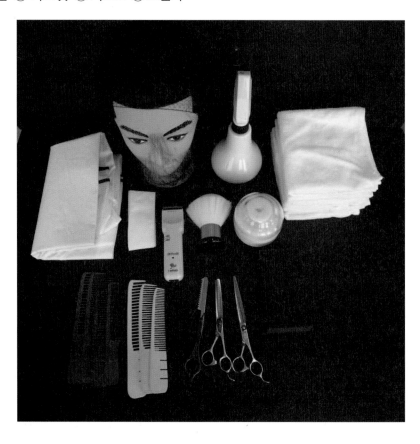

2. 조발술 실기시험 종목 – 성인남자의 보통조발

1) 마네킹의 사전준비 두발길이

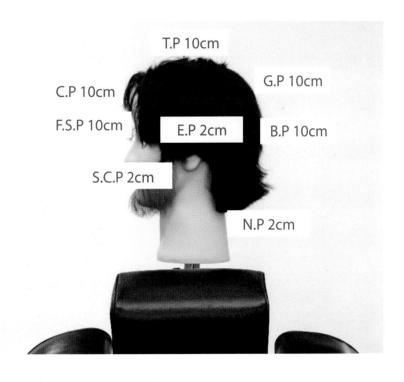

T.P 10cm
G.P 10cm
C.P 10cm
F.S.P 10cm
E.P 2cm
B.P 10cm
S.C.P 2cm
N.P 2cm

2) 커트할 두발길이

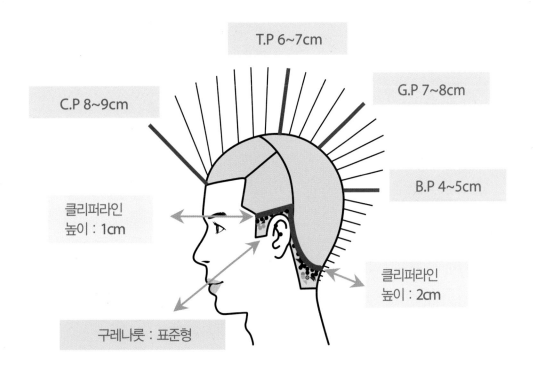

T.P 6~7cm
G.P 7~8cm
C.P 8~9cm
B.P 4~5cm
클리퍼라인
높이 : 1cm
클리퍼라인
높이 : 2cm
구레나룻 : 표준형

3) 시술준비

① 목지를 마네킹 목에 두른다.(겹치는 부분이 두툼하지 않게 접어 넣는다.)
② 목지가 1㎝정도 보이게 커트보를 두른다.

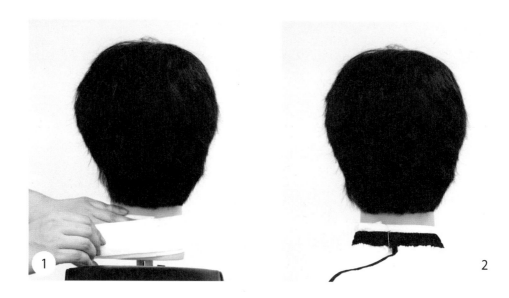

③ 손으로 두발을 들어 올려 분무기와 20~30㎝의 거리를 두고 물을 분무한다.

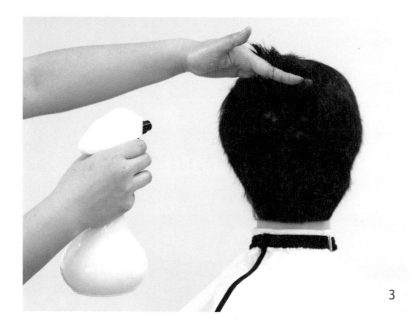

4) 장 가위 작업

① 앞머리 10㎝를 8~9㎝로 커트한다.
② 커트한 앞머리를 옆머리와 연결시켜 3~4㎝ 길이로 오른쪽부터 왼쪽 사이드까지 돌려깎기 한다.

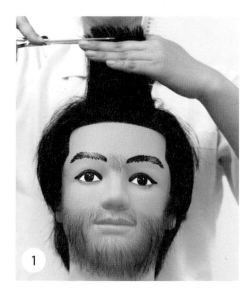
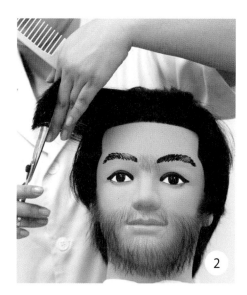

③ 가위를 벌려 움직이는 날을 네이프라인 쪽에 집어넣고 두발을 짧게 커트한다.
④ 좌우측 네이프 사이드라인 외곽선의 두발 밑으로 가위를 넣어 짧게 커트한다.

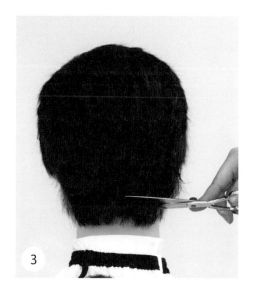
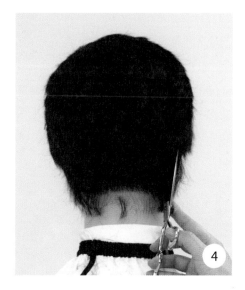

5) 클리퍼(Clipper) 작업

① 네이프라인 위로 2㎝ 이하의 범위를 클리퍼를 사용해 두발을 짧게 올려친다.

② 두발색조가 위로 점점 더 검게 보이도록 커트한다.

③ 클리퍼를 기울여 안쪽에 두발이 커트되지 않도록 네이프 사이드라인을 다듬는다.

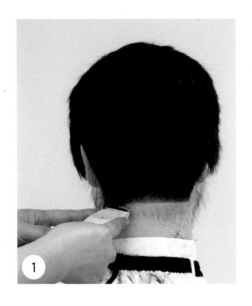

④ 귓바퀴 주변 발제선을 다듬는다.

⑤ 표준형 구레나룻 기준선으로부터 귀 상단위로 1㎝만 클리퍼로 올려친다.

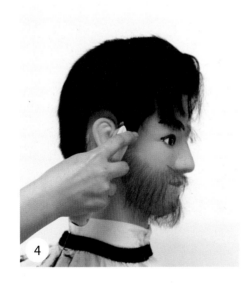

6) 익스테리어(Exterior) 커트

① 틴닝 가위 연속깎기로 클리퍼라인이 흐려지게 커트한다.
② 두발이 위로 점점 길어지고 층이 연속적으로 보이도록 가위로 연속깎기한다.

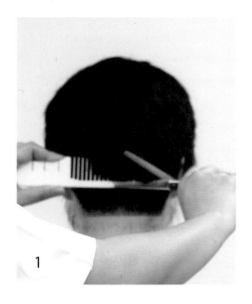 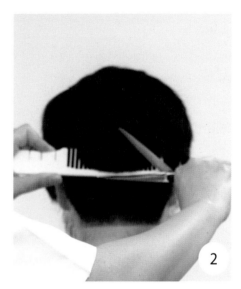

③ 왼쪽 백사이드 부분을 틴닝 가위로 연속깎기한다.
④ 오른쪽 백사이드 부분을 틴닝 가위로 연속깎기한다.

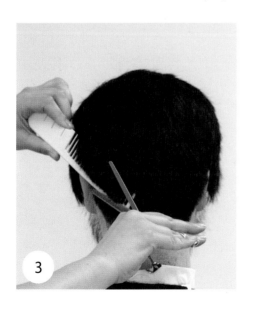 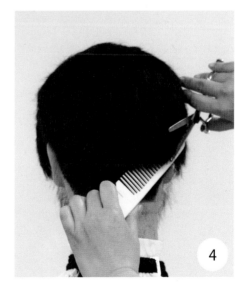

7) 인테리어(Interior) 커트

① 커트 빗을 후대각으로 위치해 가위로 연속깎기한다.
② 오른쪽도 커트 빗을 후대각으로 위치해 가위로 연속깎기한다.

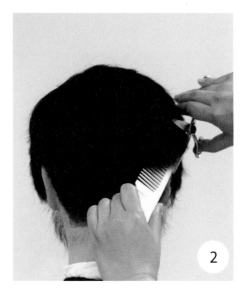

③ 가마부위까지 연속으로 올려 깎고 떠올려 깎기 기법으로 두발 숱을 감소시킨다.
④ 표면 빗질하면서 층의 흐름을 확인한다.

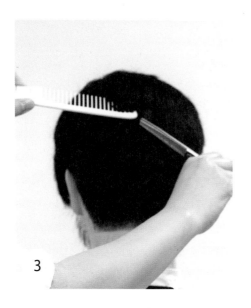
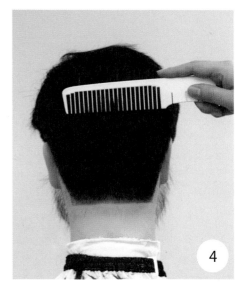

8) 구레나룻와 옆머리 커트

① 사이드라인 위로 1㎝ 이하의 범위로 클리퍼를 사용해 두발을 짧게 깎는다.
② 클리퍼 깎기한 바로 윗부분을 틴닝가위로 연속깎기하여 클리퍼라인이 흐려지게 한다.
③ 틴닝 가위로 연속깎기하면서 두발 끝을 질감처리 해준다.

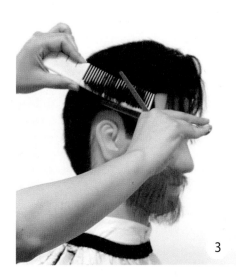

④ 가위로 연속깎기한다.
⑤ 가위로 연속깎기 한 두발 끝을 틴닝 가위로 연속깎기한다.
⑥ 옆머리 가장 윗부분의 두발을 지간깎기 한다.

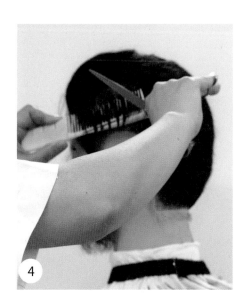
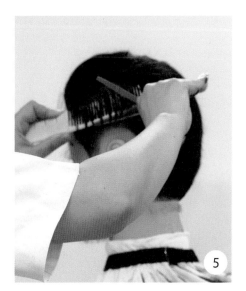

9) 앞머리 커트

① 센터 포인트에 앞머리를 8~9㎝ 지간깎기한다.
② 두발 끝부분을 틴닝 가위로 숱을 감소시킨다.

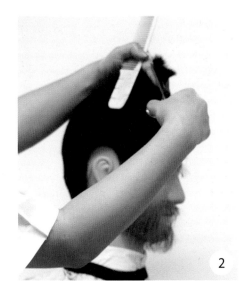

10) 마무리 수정커트

① 손에 힘을 빼고 파우더를 두발의 층이 형성된 부분에 바른다.
② 오른쪽 옆머리부터 두정부와 왼쪽 옆머리까지 연결동작으로 바른다.

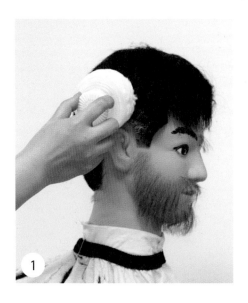
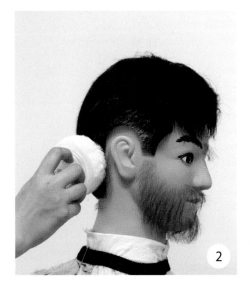

③ 가위를 세워 밀어깎기와 당겨깎기를 반복하며 튀어나온 두발을 수정깎기 한다.

④ 오른쪽 옆머리에서 네이프와 왼쪽 옆머리까지 연속동작으로 수정깎기한다.

⑤ 왼쪽 옆머리부분에서 당겨깎기 자세로 바꿔서 오른쪽 옆머리까지 이동한다.

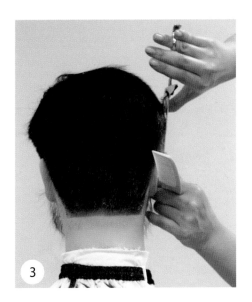 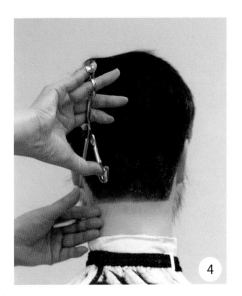

⑥ 두상의 곡면을 따라 두발을 표면 빗질하고 커트상태를 확인한다.

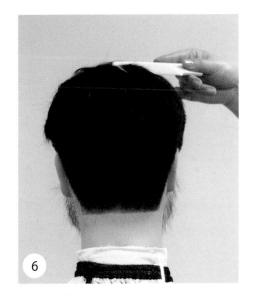

11) 뒷 면체 준비작업

① 털이솔로 얼굴을 털어준다.
② 뒷목부분과 커트보위를 스펀지로 털어준 다음 목지와 커트보를 벗긴다.

③ 목에 감았던 목지를 의자 등받이 위에 올려놓고 뒷면체시 면도기를 닦는데 사용한다.
④ 면도로션을 작은 용기에 덜어 놓고 손으로 찍어서 발제선 밑 부분에 바른다.

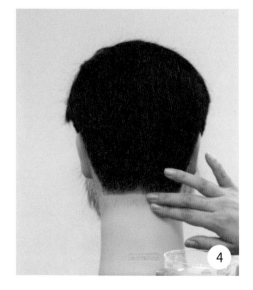

12) 뒷 면체 시술

① 표준형 구레나룻 기준선에 면도기를 대고 왼손으로 피부를 당기면서 귀볼 끝부분까지 면도한다.
② 귀 뒤쪽으로 발제선을 따라 프리핸드 기법으로 면도한다.

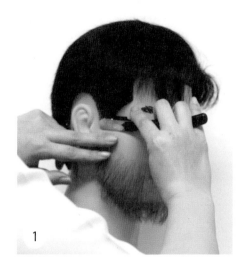
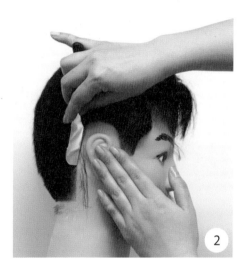

③ 네이프 발제선을 따라 우측에서 좌측으로 면도한다.
④ 왼손으로 피부를 당겨주며 면도한다.

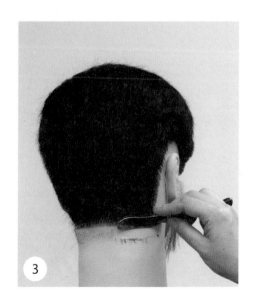
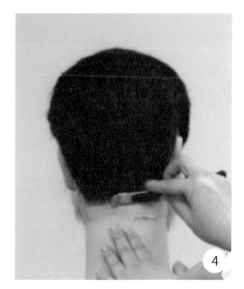

⑤ 왼쪽사이드라인 발제선을 프리핸드로 면도한다.
⑥ 귓 바퀴를 따라 프리핸드로 면도한다.

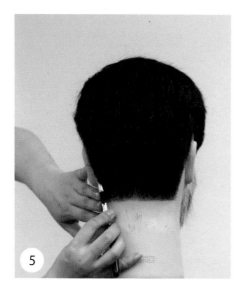
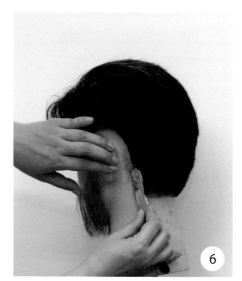

⑦ 왼쪽 구레나룻 기준선에 면도기를 대고 백핸드로 귀볼 끝부분까지 면도한다.
⑧ 면도가 끝나면 냉 타월로 잔여물을 닦아주고 스킨을 손에 덜어 바른다.

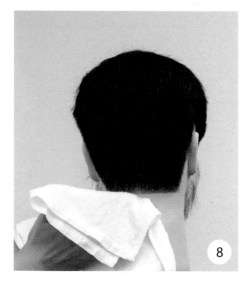

13) 완성작품

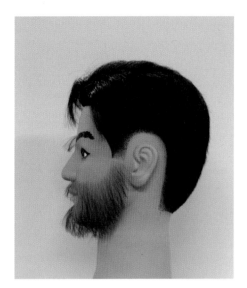
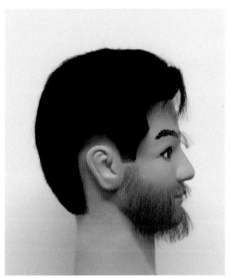
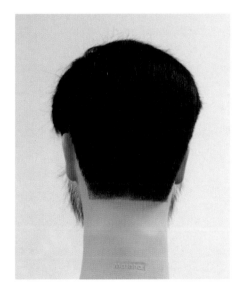

14) 시험정보 Tip

클리퍼 깎기는 규정한 높이 내에서만 사용한다.

3. 조발술 실기시험 종목 – 장교머리형

1) 마네킹의 사전준비 두발길이

성인남자의 보통조발 과제와 동일한 방법으로 시술하되 커트될 두발길이와 클리퍼라인의 높이를 아래 도해도 그림을 참고하여 커트한다.

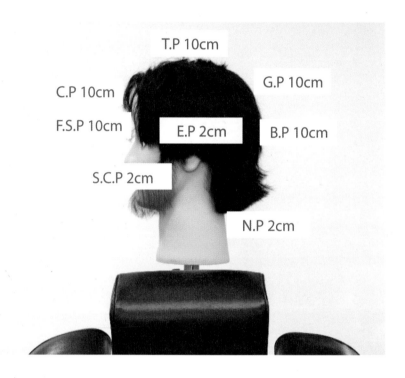

2) 커트할 두발길이

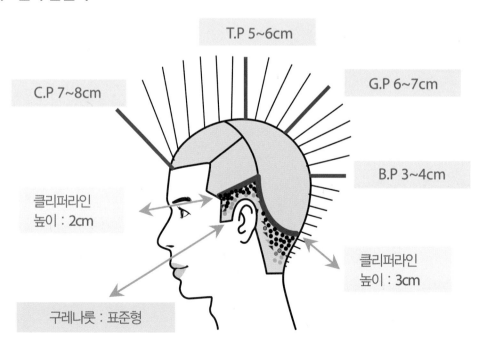

3) 클리퍼 라인의 높이

① 네이프라인에서 3cm 이하의 범위로 클리퍼를 사용해 두발을 짧게 올려친다.
② 네이프 사이드라인의 두발을 클리퍼를 기울여 짧게 깎는다.

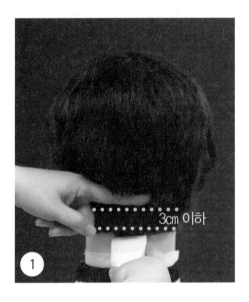 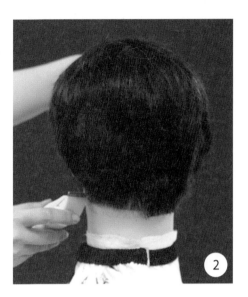

③ 사이드라인에서 2cm 이하의 범위로 클리퍼를 사용해 두발을 짧게 올려친다.
④ 귓 바퀴를 따라 클리퍼를 기울여 발제선을 짧게 깎는다.

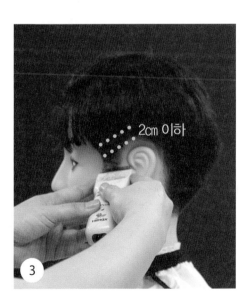 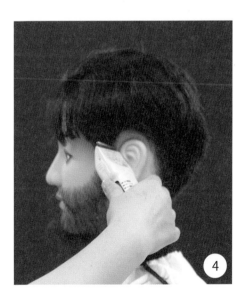

4) 완성작품

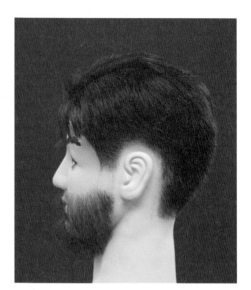
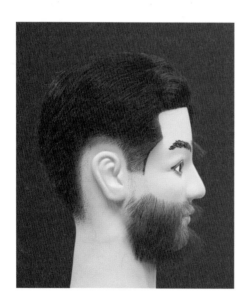
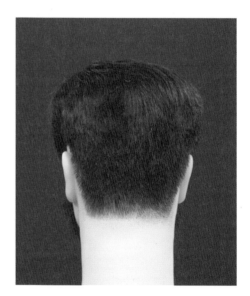

4. 조발술 실기시험 종목 – 라운드 브로스 커트(둥근 스포츠형)

1) 마네킹의 사전준비 두발길이

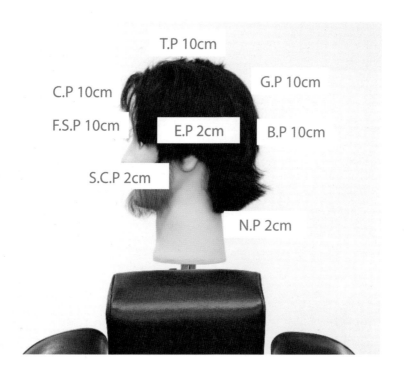

T.P 10cm
G.P 10cm
C.P 10cm
F.S.P 10cm
E.P 2cm
B.P 10cm
S.C.P 2cm
N.P 2cm

2) 커트할 두발길이

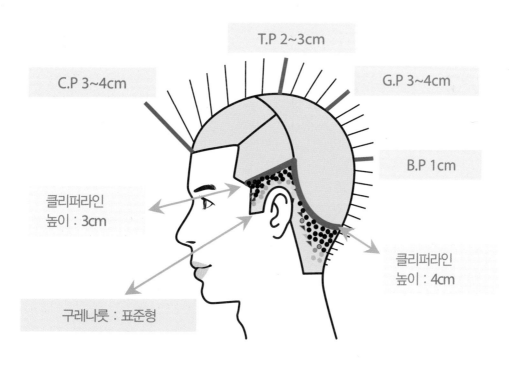

T.P 2~3cm
C.P 3~4cm
G.P 3~4cm
B.P 1cm
클리퍼라인
높이 : 3cm
클리퍼라인
높이 : 4cm
구레나룻 : 표준형

3) 시술준비

① 목지 1㎝가 보이도록 커트보를 두른다.
② 두발을 손으로 들고 물을 골고루 분무한다.

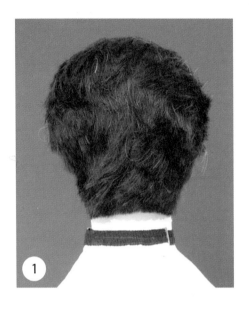

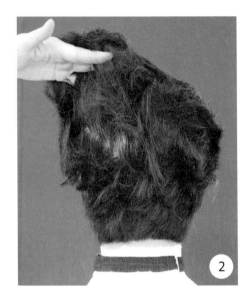

③ 물이 많이 분무된 곳은 타월로 닦거나 털어준다.
④ 두발을 가지런히 빗질한다.

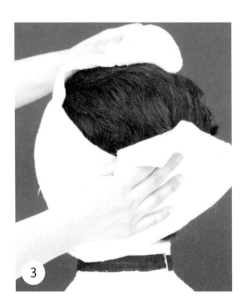

4) 장 가위 작업

① 클리퍼 작업을 쉽게 할 수 있도록 네이프라인 외곽선의 두발을 짧게 커트한다.
② 오른쪽 네이프 사이드라인 외곽선의 두발을 사선으로 짧게 커트한다.

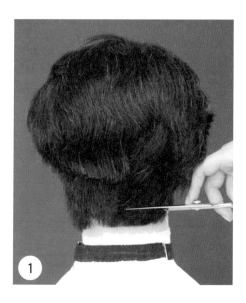

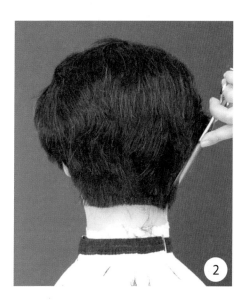

③ 왼쪽 네이프 사이드라인 외곽선의 두발을 사선으로 짧게 커트한다.
④ 백 포인트 밑 부분에 두발을 지간깎기로 짧게 커트한다.

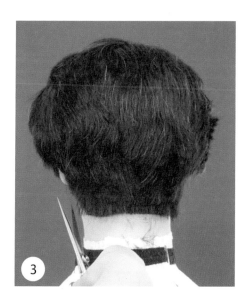

⑤ 앞머리 10cm를 위쪽으로 들어올려 5~6cm길이로 지간깎기하고 뒤쪽으로 당겨 빗질하면서 골든 포인트까지 진행한다.

⑥ 커트된 앞머리를 오른쪽 옆으로 당겨서 밑으로 짧아지게 지간깎기한다.

⑦ 오른쪽 옆머리로부터 뒤쪽 인테리어 부위까지 지간깎기로 돌려깎는다.

⑧ 두정부 부위에서 왼쪽 옆머리 부위까지 지간깎기로 돌려깎는다.

⑨ 클리퍼 작업과 연속깎기 기법을 쉽게 할 수 있도록 장가위로 대충 깎은 옆모습 형태이다.

⑩ 클리퍼 작업과 연속깎기 기법으로 두발을 짧게 커트할 수 있도록 한 뒷모습 형태이다.

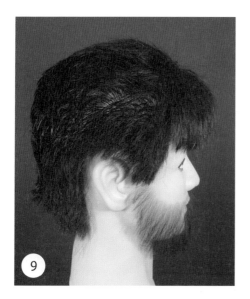

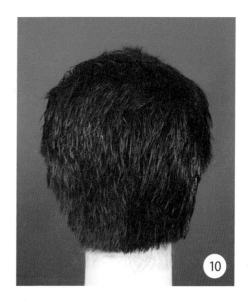

5) 클리퍼 작업

① 네이프라인에서 위쪽으로 두발색조가 점점 검게 보이도록 팔목을 회전시키며 클리퍼를 운행한다.

② 네이프라인 위로 3cm 이하의 범위를 클리퍼를 사용해 두발을 짧게 올려친다.

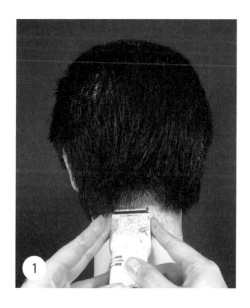

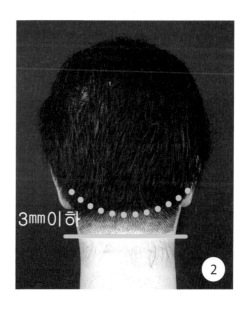

③ 오른쪽 네이프 사이드라인의 두발을 클리퍼의 날을 기울여 짧게 정리한다.

④ 이때 뒷면체 시술용 발제선의 두발이 깎이지 않도록 조심한다.

⑤ 표준형 구레나룻의 기준선(이륜 기시부) 위로 두발을 짧게 올려친다.

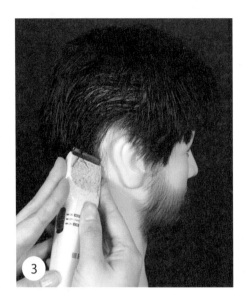

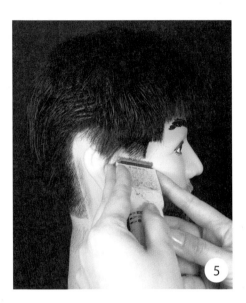

⑥ 손으로 귓바퀴를 앞으로 살짝 접어준 후 이어 포인트에서 뒤쪽으로 네이프 사이드라인의 두발을 짧게 정리한다.

⑦ 사이드라인 위로 2㎝ 이하의 범위를 클리퍼를 사용해 두발을 짧게 올려친다.

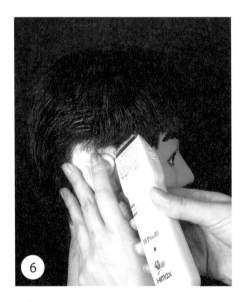

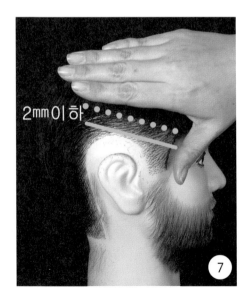

2mm이하

⑧ 왼쪽 네이프 사이드라인의 두발을 클리퍼의 날을 기울여 짧게 정리한다.

⑨ 표준형 구레나룻의 기준선(이륜 기시부) 위로 두발을 짧게 올려친다.

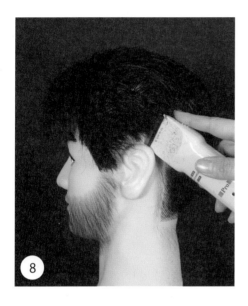
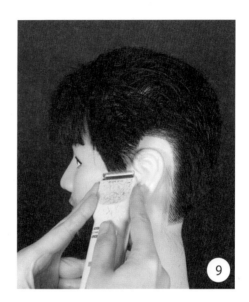

⑩ 귓바퀴를 따라 클리퍼를 기울여 사이드라인의 두발을 짧게 정리한다.

⑪ 사이드라인 위로 2cm 이하의 범위를 클리퍼를 사용해 두발을 짧게 올려친다.

⑫ 클리퍼라인의 높이가 오른쪽 부위와 동일한지 확인한다.

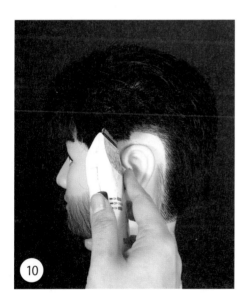
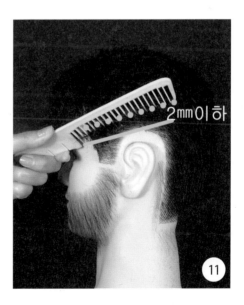

6) 익스테리어(Exterior) 커트

① 클리퍼라인 위로부터 빗을 두피 쪽으로 바싹 붙여 두발을 짧게 연속깎기한다.
② 두발색조가 위쪽으로 점점 검게 보이도록 조절하며 깎아 올라가 백 포인트 두발 길이가 1cm가
   되게 한다.

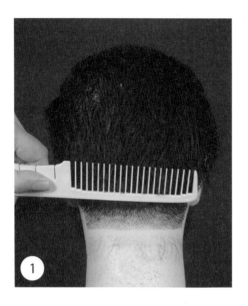
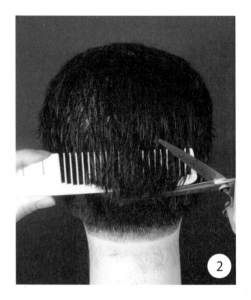

③ 오른쪽 백사이드 부위를 빗을 두피 쪽으로 붙여 짧게 올려 깎는다.
④ 왼쪽 백사이드 부위를 빗을 두피 쪽으로 붙여 짧게 올려 깎는다.

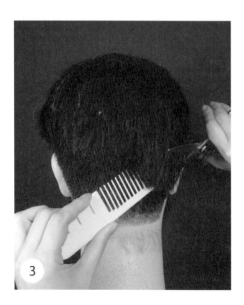
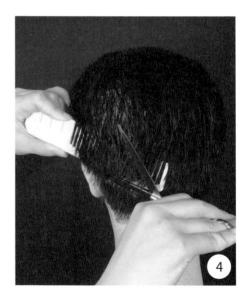

7) 인테리어(Interior) 커트

① 백 포인트 두발길이 1cm와 연결시켜서 골든 포인트의 두발길이가 2~3cm로 커트되도록 연속으로 올려 깎는다.

② 빗등이 차츰차츰 위로 세워지면서 빗등 위에서 깎이는 두발길이가 점점 길어지도록 빗의 세우는 정도를 조절한다.

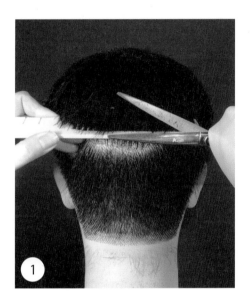
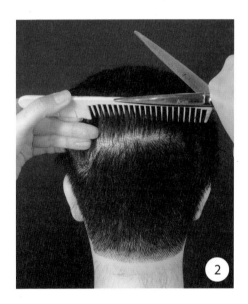

③ 탑 포인트 두발길이를 3~4cm로 연속으로 둥글게 올려 깎는다.

④ 두정부 왼쪽과 오른쪽 부위를 빗등을 세워 후대각으로 위치한 후 연속으로 올려 깎는다.

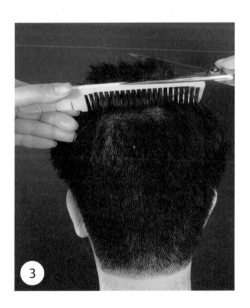
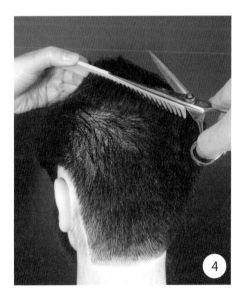

8) 오른쪽 옆머리 커트

① 클리퍼라인 위의 두발을 짧게 올려 깎는다.

② 두발이 짧게 깎이도록 빗의 각도를 두피 쪽으로 바싹 붙여 진행한다.

③ 사이드 포인트 부위부터는 빗등을 위쪽으로 점차적으로 세워지게 조절하며 올려 깎는다.

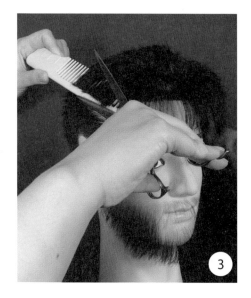

④ 두발이 길어지는 정도를 외곽선의 형태가 둥글게 형성되도록 빗등을 위로 세워 올려 깎는다.

⑤ 깎아 올린 층의 연결 상태를 표면 빗질하고 둥근모양의 형태를 전면에 거울을 보며 확인한다.

⑥ 프론트 사이드 포인트 부위에서는 빗등이 더 세워져서 탑 포인트의 두발길이와 연결되도록 커트
   한다.

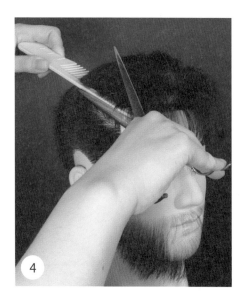
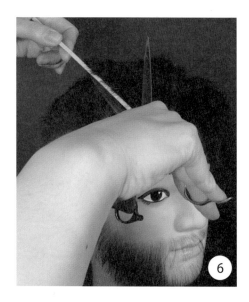

9) 왼쪽 옆머리 커트

① 클리퍼라인 위로부터 연속으로 올려 깎는다.
② 사이드 포인트 부위부터 빗등을 점차적으로 돌려 위로 세워지게 조절하며 올려 깎는다.

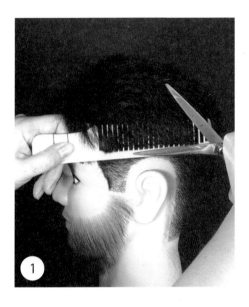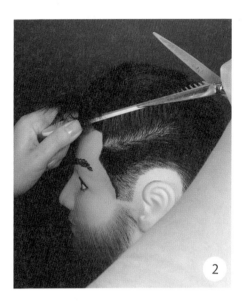

③ 빗을 세워 두발이 둥글게 길어지도록 골든 포인트 부위의 두발길이와 연결시켜 커트한다.
④ 탑 포인트 부위로 올라가면서 점점 더 빗이 세워져 두정부에 커트된 두발길이와 연결시켜 커트
　한다.
⑤ 오른쪽 옆머리와의 좌우대칭의 형태를 전면의 거울로 확인한다.

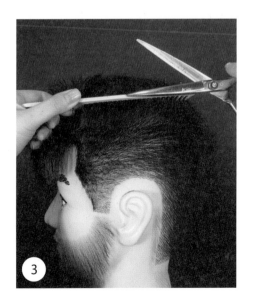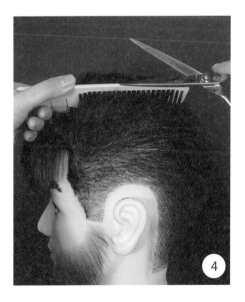

10) 앞머리 커트

① 센터 포인트의 두발길이를 4~5㎝로 커트한다.

② 센터 포인트에서 탑 포인트까지 두발을 연결시켜 커트한다.

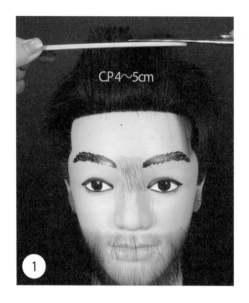
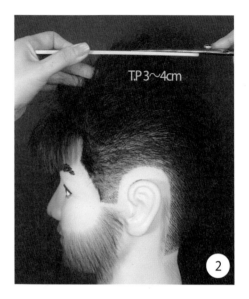

③ 오른쪽 옆머리와 앞머리의 연결 상태를 확인한다.

④ 왼쪽 옆머리와 앞머리의 연결 상태를 빗을 세워 확인한다.

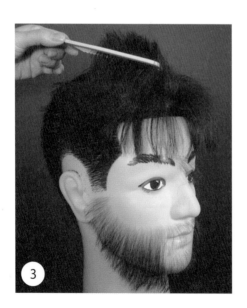
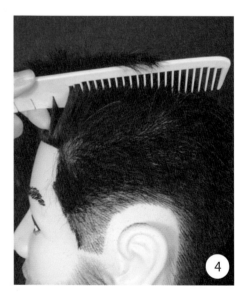

11) 마무리 수정커트

① 털이 솔에 파우더를 고르게 묻혀 오른쪽 옆머리부터 바른다.
② 오른쪽 백사이드와 네이프를 지나 왼쪽 옆머리까지 고르게 바른다.

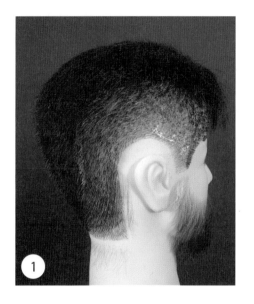
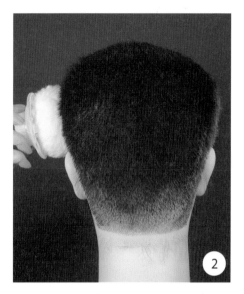

③ 가위를 세워 오른쪽 옆머리부터 밀어깎기 기법으로 두발표면에 요철이 보이지 않도록 수정깎기
   한다.
④ 오른쪽 백사이드를 지나 밀어깎기 기법으로 네이프 부위까지 두발표면에 요철이 보이지 않게 수정
   깎기하며 내려온다.

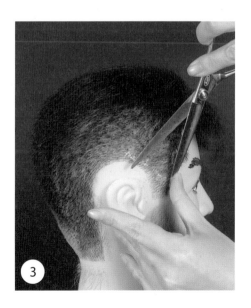
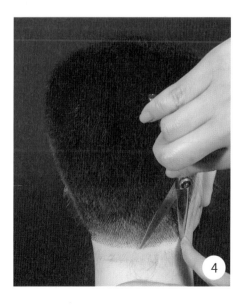

⑤ 왼쪽 백사이드 부위에서 사이드 코너 포인트 부위까지 밀어깎기로 수정깎기한다.

⑥ 왼쪽 사이드 코너 포인트에서 당겨깎기 자세로 바꾸어 밀어깎기의 역방향으로 수정깎기한다.

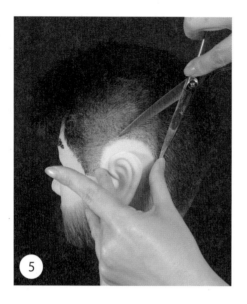

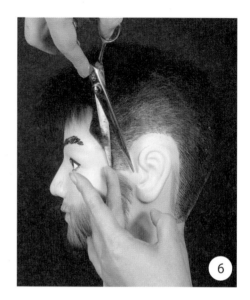

⑦ 왼쪽 백사이드 부위를 지나 네이프 부위까지 당겨깎기 기법으로 수정깎기한다.

⑧ 왼쪽 사이드 코너 포인트까지 진행한 후 세워깎기 작업을 마친다.

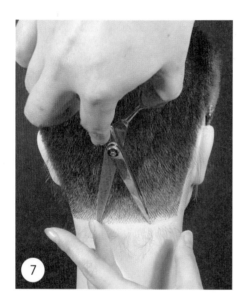

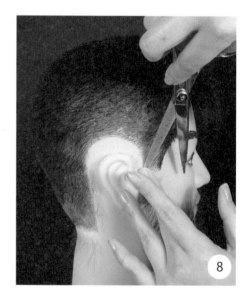

⑨ 탑 포인트 부위에서 가위를 수평으로 잡고 커트한 표면위로 요철이 있는 부위를 수정깎기한다.

⑩ 가위를 수평으로 잡고 밀어깎기와 당겨깎기를 반복하면서 탑 포인트 부위에 두발표면을 수정깎기
한다.

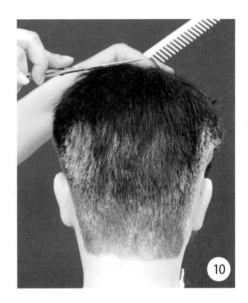

12) 뒷면체 준비작업

① 두발표면에 묻은 파우더와 얼굴부위에 잔여물을 털이솔로 털어내고 커트보를 벗긴다.

② 면도로숀을 작은 용기에 덜어놓고 손가락 끝에 묻혀서 면도할 발제선에 바른다.

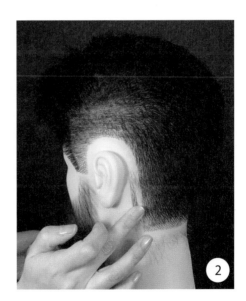

13) 뒷면체 시술

① 오른쪽 구레나룻 기준선(이륜 기시부)에 면도기를 대고 왼손 엄지손가락으로 피부를 위쪽으로 당겨주면서 면도한다.

② 귓바퀴를 따라 이동하며 프리핸드 자세로 면도한다.

 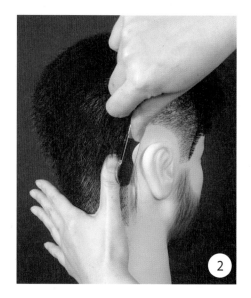

③ 네이프 부위에서 왼손 엄지손가락으로 피부를 위로 당겨주면서 프리핸드로 면도한다.

④ 왼쪽 네이프 사이드 코너 포인트까지 프리핸드 기법을 연속으로 진행한다.

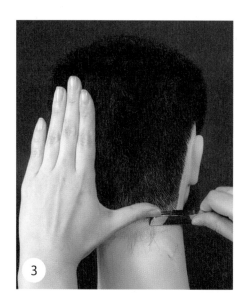 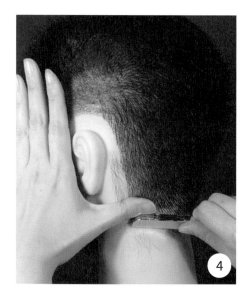

⑤ 왼쪽 네이프 사이드라인을 푸시핸드로 면도한다.

⑥ 이어 백포인트 부위의 발제선은 왼손으로 귓불을 접고 프리핸드로 면도한다.

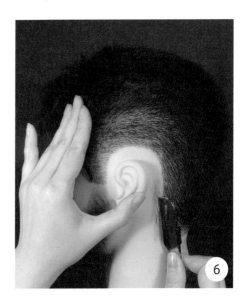

⑦ 네이프 사이드라인의 발제선을 면도하는 동안 왼손으로 귓불을 접어놓고 면도한다.

⑧ 왼쪽 구레나룻 기준선(이륜 기시부) 밑에 면도기를 대고 왼손 엄지로 피부를 위로 당겨주면서 백핸드로 면도한다.

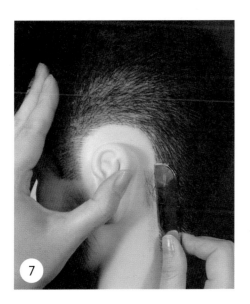
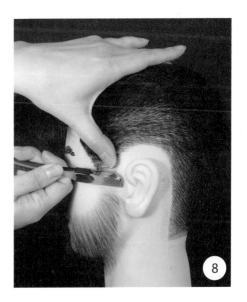

14) 완성작품

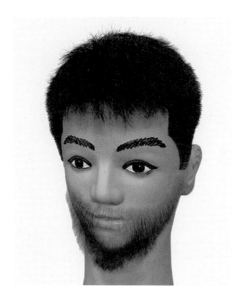
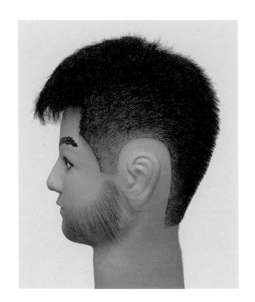
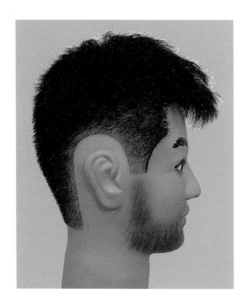
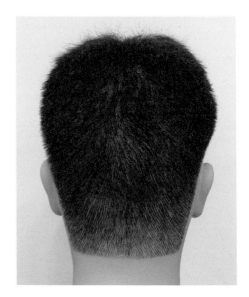

15) 시험정보 Tip

① 커트 빗을 세우고 눕히면서 두발의 길이조절을 연속깎기 동작으로 시술한다.

② 클리퍼 깎기는 규정한 높이의 범위 내에서 사용한다.

③ 라운드 브로스 커트(둥근 스포츠형) 과제 시술시 틴닝 가위를 사용할 수 없다.

Section Ⅲ 면체술(Shaving Skill)

1. 면체술의 개요

1) 기본용어

① 면체 : 면도이다.

② 첨포법(온습포) : 스팀타월로 안면 전체를 덮는 방법이다.

③ 밀착법 : 아래턱, 입, 볼, 눈, 이마 순으로 타월을 밀착하는 방법이다.

④ 청식법 : 닦아내는 것이다.

⑤ 갑부통 : 플라스틱 재질의 통에 비누를 넣어 브러시로 거품을 내는 용구이다.

2) 준비용품

① 갑부통 ② 쉐이빙크림(안면면도용) ③ 면도로션(뒷면도용) ④ 면도브러시
⑤ 면도기 ⑥ 면도기 날 ⑦ 타월 ⑧ 마스크 ⑨ 티슈

준비용품

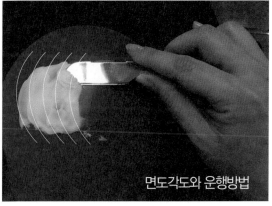
면도각도와 운행방법

3) 면도기 각도와 운행

① 면도기 날의 각도는 15~40°로 잡는다.

② 이상적인 운행방법은 피부표면의 굴곡 등을 감안해 원호상(Circular)으로 약간씩 비스듬하게 운행하는 것이 좋다.

③ 풍선에 바람을 넣고 거품을 묻혀 연습하고 풍선이 터지지 않아야 피부에 상처를 내지 않고 면도할 수 있다.

4) 면도기 잡는 법

① 프리핸드(Free Hand) – 기본잡기

자유로운 손놀림으로 당기는 형태이다.

② 펜슬핸드(Pencil Hand) – 연필잡기

연필을 잡는 형태이다.

③ 스틱핸드(Stick Hand) – 지팡이 잡기

면도기 날 몸과 손잡이를 일직선으로 잡는 형태이다.

④ 푸시핸드(Push Hand) – 밀어잡기

면도기 날을 바깥방향으로 돌려 엄지손으로 면도기 등을 밀어주는 형태이다.

① 프리핸드–기본잡기

② 펜슬핸드–연필잡기

③ 스틱핸드–지팡이잡기

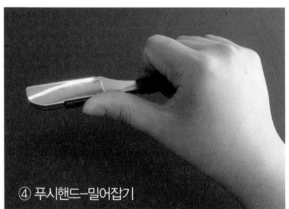
④ 푸시핸드–밀어잡기

⑤ 백핸드(Back Hand) – 뒤 돌려잡기

ⓐ 프리핸드 자세에서 팔목을 오른쪽으로 돌려서 면도기 날이 오른쪽 방향으로 향하게 잡는 형태이다.

ⓑ 왼쪽 구레나룻 부위는 귀를 베이게 할 위험이 있으므로 반드시 백핸드 자세로 시술해야 한다.

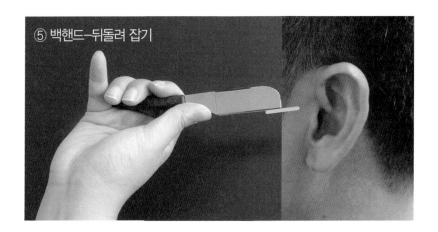

⑤ 백핸드-뒤돌려 잡기

5) 왼손가락의 자세

① 양쪽펴기
  엄지와 중지손가락으로 피부를 팽창시킨다.
② 당기기
  엄지와 검지 중지손가락으로 피부를 가운데로 당겨준다.
③ 오므리기
  엄지와 검지손가락으로 인중부위처럼 움푹 들어간 곳을 오므려준다.

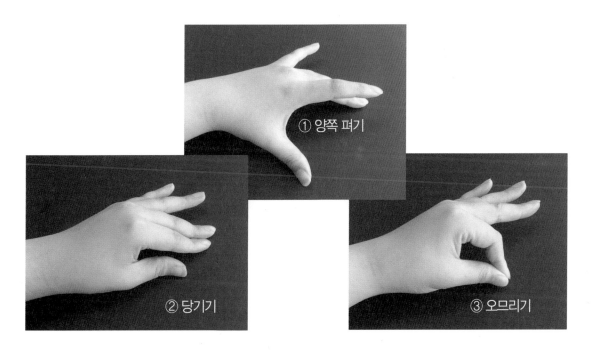

① 양쪽 펴기

② 당기기

③ 오므리기

2. 뒷면도(귀 뒤와 목부분) 시술기법

1) 시술준비

① 털이솔로 머리카락을 털어낸다.

② 커트보와 타월을 벗긴다.

③ 목지를 벗겨 의자위에 접어 올려놓고 면도기에 묻어있는 잔여물을 닦는다.

④ 발제선 외곽에 면도로션을 바른다.

⑤ 작은 용기에 담아 손가락으로 바른다.

⑥ 면도로션을 자주 발라 피부의 건조함을 막아준다.

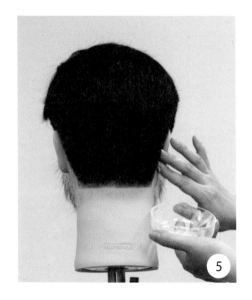

2) 시술방향

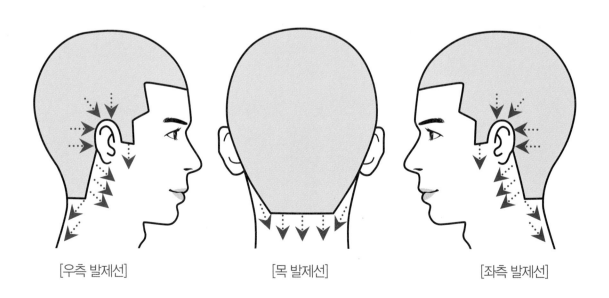

[우측 발제선]   [목 발제선]   [좌측 발제선]

3) 우측 발제선

① 우측 발제선(우측 구레나룻)에서 시작한다.

② 프리핸드 자세로 당겨 깎는다.

③ 왼손은 당기기 자세로 엄지손가락을 면도할 기준선위에 대고 피부를 올리고 당기면서 면도한다.

④ 귀 뒤 발제선으로 이동해 프리핸드로 면도한다.

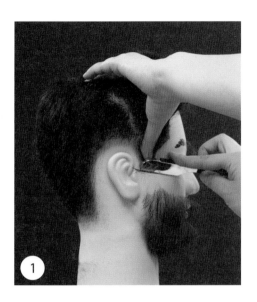
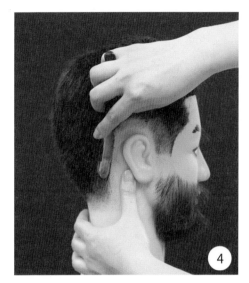

⑤ 귀 뒤에서부터 발제선을 따라 목발제선까지 면도한다.

⑥ 목하단부까지 프리핸드로 면도한다.

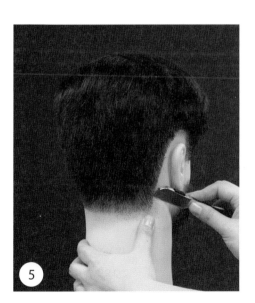
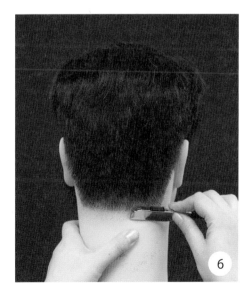

4) 좌측 발제선

① 좌측 구레나룻부터 시작해 귀 위 발제선까지 면도한다.
② 백핸드로 면도한다.
③ 후경부에서 다시 시작해 귀 밑 발제선까지 면도한다.

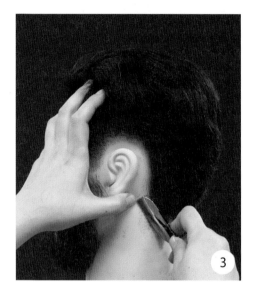

④ 귀 밑 발제선에서 귀 뒤 발제선까지 면도한다.
⑤ 귀 뒤 발제선에서 귀 위 발제선까지 면도한다.

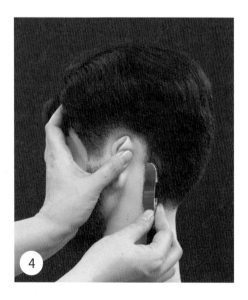
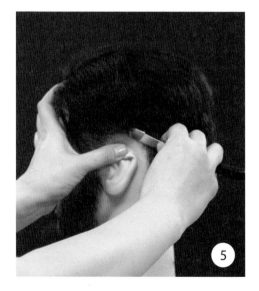

3. 안면면도(Beard Shaving) 시술기법

1) 첨포법(Steaming : 온습포)

① 첨포법(Steaming : 습포)은 타월을 따듯한 물에 적셔 얼굴을 감싸주는 방법이다.
② 모공열기(확장)를 위해 시술한다.
③ 피부와 모공(털구멍)의 청결을 위해 시술한다.
④ 피부를 유연하게 하기 위해 시술한다.
⑤ 모가 끊겨질 때의 저항력을 최소화하기 위해 시술한다.
⑤ 타월을 얹어 손바닥으로 지그시 누른 다음 걷어내고 콜드크림을 얼굴 전체에 펴 바른다.

2) 면체 브러시(Shaving Brush) 잡는 법

① 손잡이를 손바닥으로 감싸듯이 잡는다.
② 쉐이빙크림(거품)을 갑부통에 덜어서 브러시로 바른다.

3) 쉐이빙 크림(거품) 바르는 순서

① 모델의 우측에서 시술한다.
② 브러시를 시계방향으로 회전하면서 연속동작으로 이동하여 우측 볼부터 시작해 턱, 좌측 볼. 인중, 이마, 양미간 순서대로 쉐이빙크림(거품)을 바른다.
③ 인중에는 브러시를 사용하지 않고 볼에 바른 쉐이빙크림(거품)을 검지손가락으로 소량만 묻혀 인중에 바른다.

4) 안면면체 순서

얼굴에 쉐이빙크림(거품)을 바른 후 인중 부위부터 턱 부분까지 온 습포 타월을 올려놓고 이마 발제선 부터 면도를 시작한다.

① 이마 발제선
  ⓐ 모델의 우측에서 행한다.
  ⓑ 프리핸드로 면도한다.
  ⓒ 왼손으로 이마 안쪽에 두발을 가리고 쉐이빙크림이 묻은 발제선 외곽을 좌측에서 우측방향으로 면도한다.

② 이마

    ⓐ 이마 발제선을 좌측에서 우측 방향으로 면도한다.

    ⓑ 발제선 밑에 이마를 위에서 아래로 약간의 C자형을 그리듯이 원호상(Circular)으로 운행하며 면도 한다.

    ⓒ 이마 면체가 끝나면 턱에 올려놓았던 타월을 걷어내어 거품이 묻지않은 부위쪽으로 뒤집어 이 마부위를 깨끗하게 닦아준다.

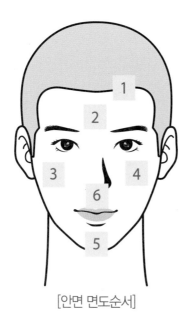

[안면 면도순서]

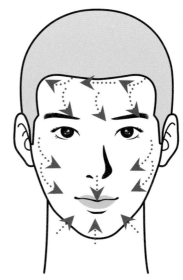

[안면 면도방향]

③ 우측 안면부 및 발제선

    ⓐ 모델의 우측에서 행한다.

    ⓑ 프리핸드로 면도한다.

    ⓒ 귀 앞쪽부터 → 볼 → 귀밑 턱선 → 목 부위 순서로 면도한다.

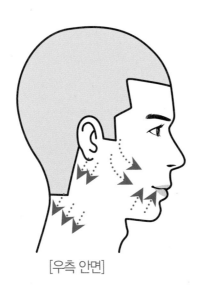

[우측 안면]

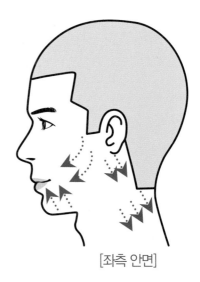

[좌측 안면]

④ 좌측 안면부 및 발제선

    ⓐ 안면 시술이 용이하도록 얼굴을 우측으로 약간 돌리고 시작한다.

    ⓑ 모델의 우측에서 시술한다.

    ⓒ 프리핸드로 잡고 면도한다.

    ⓓ 왼손을 안면부 시술부위 기준선 위쪽에서 누르고 당기면서 시술한다.

    ⓔ 귀 앞쪽부터 → 볼 → 귀밑 → 턱선 → 목 부위 순서로 면도한다.

⑤ 턱

    ⓐ 우 전방 45°에서 행한다.

    ⓑ 펜슬핸드로 면도 한다.

    ⓒ 턱밑에서 입술 밑으로 올라오는 자세는 C자형을 그리듯이 원호상(Circular)으로 면도한다.

⑥ 인중(코밑)

    ⓐ 우 전방 45°에서 행한다.

    ⓑ 프리핸드로 면도한다.

    ⓒ 왼손가락으로 피부를 오므렸다 폈다 하면서 면도한다.

5) 마무리 작업

① 콜드크림을 바른 후 얼굴 전체를 마사지하고 습포 타월로 닦아낸다.

② 스킨로션을 바른다.

③ 눈썹, 코, 눈, 입 주위를 티슈로 닦아낸다.

4. 면체술 실기시험 종목(커트 3종목 공통과제)

1) 쉐이빙 크림(거품) 바르기

① 시술자는 반드시 마스크를 착용하고 마네킹의 오른쪽에서 시술한다.

② 머리를 타월로 감싼다.

③ 오른쪽 볼→턱→좌측 볼→인중→이마→양미간 순서대로 쉐이빙 크림(거품)을 바른다.

④ 인중에는 볼에 바른 쉐이빙 크림(거품)을 손가락에 찍어서 묻혀준다.

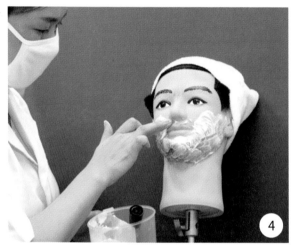

⑤ 쉐이빙 크림(거품)을 충분히 바른다.

⑥ 습포타월의 온도를 확인하고 코밑으로 타월을 올려 지그시 눌러 놓는다.

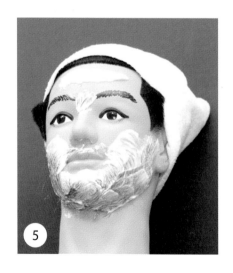
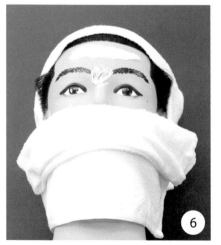

2) 이마면도

① 이마 발제선을 좌측에서 우측방향으로 프리핸드로 면도한다.
② 이마는 C자형을 그리듯이 원호상(Circular)으로 내려오며 면도한다.

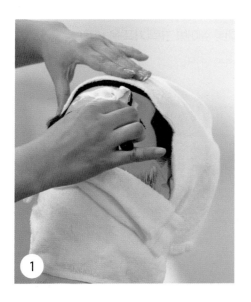 

③ 양미간을 면도날을 세워 우측에서 좌측방향으로 프리핸드로 면도한다.
④ 면도날을 세워 양미간 좌측부분을 푸시핸드로 면도한다.

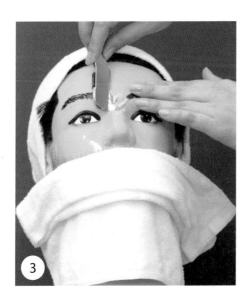 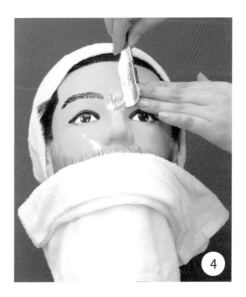

3) 우측 볼 면도

① 볼 밑 부분을 프리핸드로 면도한다.
② 입술을 건드리지 않기 위해 백핸드로 면도한다.

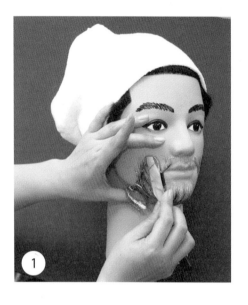

③ 입술 옆 부위를 백핸드로 면도한다.
④ 하악골 윗부분을 프리핸드로 면도한다.

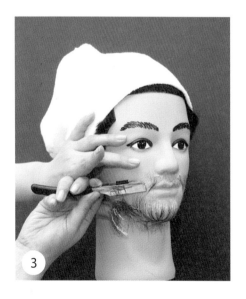
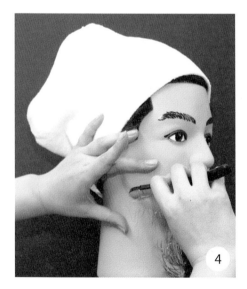

4) 좌측 볼 면도

① 좌측 볼을 귀 앞쪽부터 → 볼 → 귀밑 턱선 → 목 부위 순서로 면도한다.
② 귀 앞부터 백핸드로 면도한다.
③ 볼을 프리핸드 면도한다.

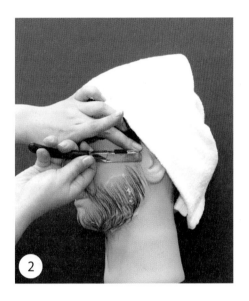 

④ 입술 밑 부분까지 프리핸드로 면도한다.
⑤ 턱 옆부분은 면도날을 세워 프리핸드로 면도한다.

 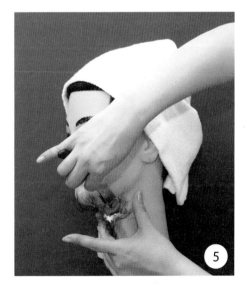

5) 턱 면도

① 좌측에서 우측으로 프리핸드로 면도한다.
② 턱 근육을 위로 당겨주면서 밑에서 위로 면도한다.

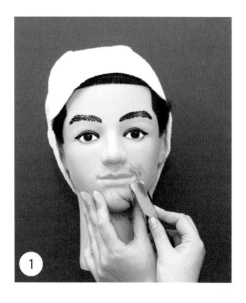

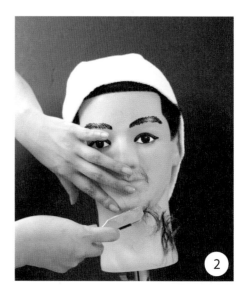

③ 면도기를 세워 우측에서 좌측으로 프리핸드로 면도한다.
④ 턱 중앙부위를 위쪽으로 끌어 올리며 면도한다.

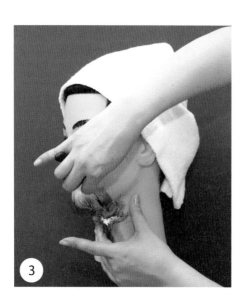

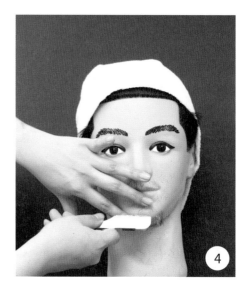

6) 인중면도

① 왼손 엄지와 검지손가락으로 오므렸다 폈다하면서 면도한다.
② 움푹 페인부분을 면도한다.

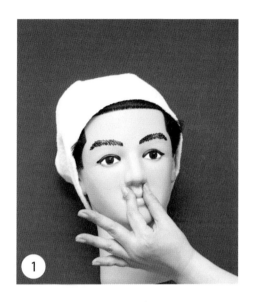

③ 인중 우측부분을 백핸드로 면도한다.
④ 인중 좌측부분을 프리핸드로 면도한다.

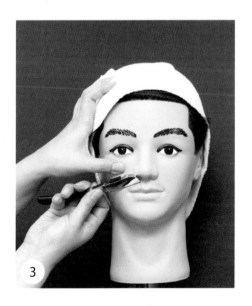

7) 마무리 손질

① 콜드크림을 용기에서 주걱으로 떠내 손등에 올려놓고 얼굴에 부위별로 조금씩 찍어 바른 다음 전체를 가볍게 마사지한다.

② 습포 타월을 얼굴에 덮고 지그시 손으로 눌러준다.

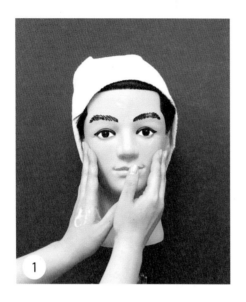
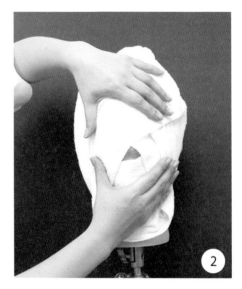

③ 얼굴에 덮었던 타월을 벗겨 묻어 있는 잔여물을 깨끗이 닦는다.

④ 눈, 코, 입 주위를 세심히 닦아준다.

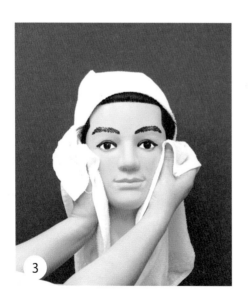
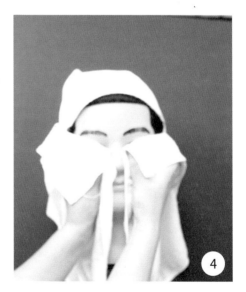

⑤ 스킨로션을 손에 덜어 양손에 묻힌다.

⑥ 얼굴전체에 가볍게 두들기듯 펴 바른다.

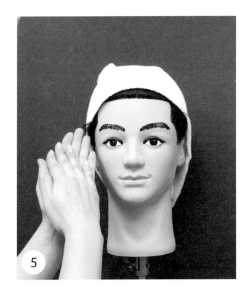 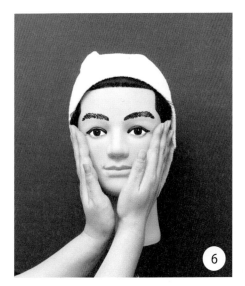

⑦ 머리에 두른 타월을 벗겨내고 눈썹, 코, 눈 주위를 티슈로 닦아준다.

⑧ 입술주변에 잔여물을 깨끗하게 닦아준다.

 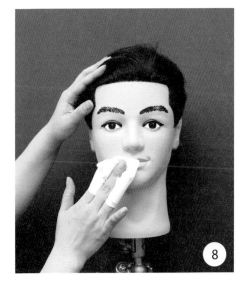

8) 시험정보 Tip

① 반드시 마스크를 착용해야 한다.

② 마네킹을 사람 대하듯 하면서 조심히 면도기를 다룬다.

③ 면도기 잡는 자세를 부위별로 적절하게 자유자재로 능숙하게 바꿔가며 면도한다.

Section IV 세발술(Wash Skill)

1. 세발술의 개요

1) 좌식 세발술

① 세발술은 두피와 두발을 씻어내는 기술이다.
② 좌식 세발술은 모델을 의자에 앉힌 상태로 샴푸액을 두피와 두발에 묻혀 손동작(Manipulation)으로 기포를 내어 마사지하고 샴푸하는 것이다.

2) 준비용품

① 『샴푸』라는 글씨를 표기하여 공병에 붙인다.
② 표기한 공병에 샴푸액을 담아 사용한다.
③ 샴푸보를 준비한다.
④ 타월을 준비한다.

3) 세발순서

① 샴푸보 고정과 샴푸마사지
   샴푸보는 흘러내리지 않도록 편하게 잘 고정하고 샴푸액이 적정량으로 기포가 잘 나도록 문지른다.
② 두발 헹구기
   마네킹을 고정 홀더에서 분리하여 샴푸대에서 물을 사용해 세정하고 타월로 물기를 닦아낸 다음 홀더에 다시 고정한다.
③ 드라이기를 이용해 두발을 건조시키며 빗질한다.

4) 세발동작

① 두정부 → 전두부 → 측두부 → 후두부 순으로 손동작을 하며 얼굴이나 목부위에 샴푸액이 흘러 내리지 않도록 고루 손이 가게 한다.
② 팔, 손, 손가락 동작
   팔과 손의 힘 배분이 적정하고 손가락은 유연하게 사용한다.
③ 자세와 능숙도
   힘의 배분에 적정한 자세와 처리에 능숙하며 모델에게 불편이 없도록 한다.

2. 세발술 실기시험 종목

1) 준비작업

① 마네킹 목에 수건을 두르고 그 위에 세발앞장을 두른다.
② 두발에 물을 골고루 분무한다.

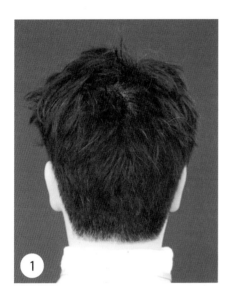

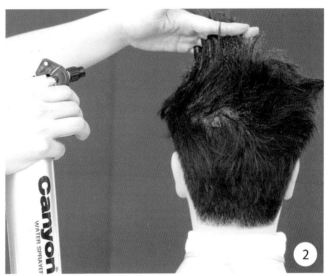

③ 손가락으로 두발을 들어 올려 물이 골고루 분무되었는지 확인한다.
④ 두발 사이사이에 샴푸액을 적신다.

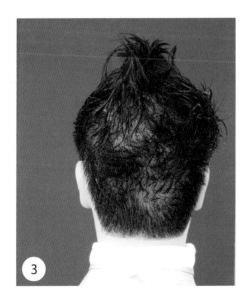

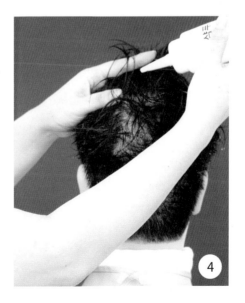

2) 세발동작(기포 마사지)

① 두발에 거품 손동작은 두정부 전두부 측두부 후두부 순으로 한다.
② 두정부 부위를 기포가 잘 나도록 손가락 지문으로 문지른다.
③ 손동작을 가로 세로로 유연하게 시술한다.

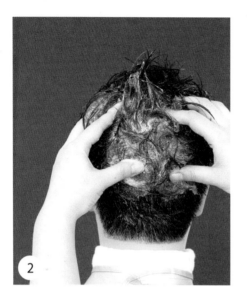
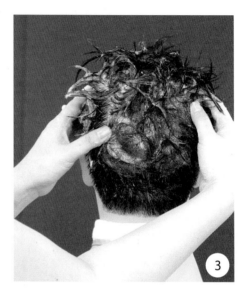

④ 얼굴이나 목 부위에 흐르지 않게 하고 고루 손이 가도록 문지른다.
⑤ 샴푸액 기포가 잘나도록 마사지 한다.

3) 두발세정

① 샴푸보와 함께 홀더에서 마네킹을 빼어 샴푸대에 엎드려 두발을 세정한다.
② 물이 다른 곳에 튀지 않도록 조심하고 세정이 끝나면 타월로 물기를 닦아준다.

③ 샴푸보를 벗기고 홀더에 고정시켜 타월로 가볍게 문지르면서 건조시킨다.
④ 다음 과제 수행을 위해 드라이기로 건조시키는 정도를 조절하고 빗질한다.

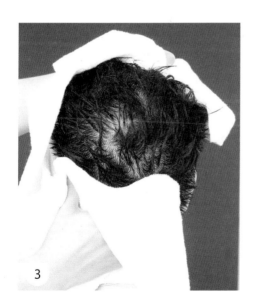 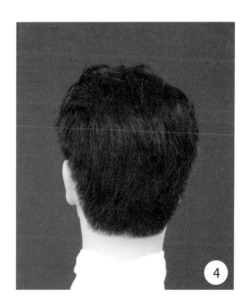

4) 시험정보 Tip

물을 사용하는 두발세정 작업은 채점 항목에서 제외된다.

Section V 정발술(Dry Skill)

1. 정발술의 개요

1) 정발술의 정의

열(물리적)과, 약액(포마드)으로 두발에 변화를 가하여 스타일을 입체적으로 만드는 기술이다.

2) 정발술의 원리

① 두발을 얼굴형에 맞게 브러시와 빗을 사용하여 두발의 형태를 만든다.
② 굽은 두발, 곱슬머리 등을 곧게 펴고 두발의 볼륨감으로 높낮이의 효과를 준다.
③ 다운 스템(Down Stem)

　두발을 두피에 납작하게 붙이고자 할 때에는 빗의 회전을 최소화하여 두발의 뿌리 부분을 붙여준다.
④ 업 스템(Up Stem)

　텐션을 강하게 주고 밑뿌리에 브러시의 회전을 많이 시켜 열풍을 준다.
⑤ 컬(Curl)과 볼륨(Volume)

　두발 끝 흐름의 변화와 볼륨을 주고자 할 때에는 머리가 난 반대방향으로 두발의 밑뿌리에 열풍을 준다.

3) 빗의 종류 및 용도

① 빗의 선정법
　ⓐ 열에 강한 것을 선택한다.
　ⓑ 강도와 탄력이 있어야 한다.
　ⓒ 조작이 용이 하고 두발 빗질이 잘되어야 한다.
② 빗의 손질법
　ⓐ 털이나 먼지 등 오물을 제거 후 깨끗이 세척해 둔다.
　ⓑ 소독약이나 자외선 등에 정기적으로 소독해 사용한다.
　ⓒ 잘 건조시켜 청결한 곳에 보관한다.
③ 브러시
　ⓐ 두발의 볼륨을 넣고자 할 때 사용한다.
　ⓑ 이용사 실기시험에 포마드를 바르기 전 뿌리를 세우는데 사용한다.

④ 일자 빗

두발의 뿌리부분을 살리고 표면을 매끄럽게 하고자 할 때 사용한다.

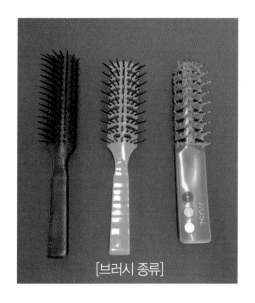

[브러시 종류]

[일자 빗 종류]

4) 드라이기 선정 및 조작법

① 드라이기 선정법

드라이기 열풍의 온도가 300~400[W]이상인 것을 사용한다.

② 드라이기 잡는 법

ⓐ 드라이기는 송풍구와 가까운 지점에 핸들을 잡는다.

ⓑ 빗은 드라이기를 잡지 않은 손으로 잡는다.

ⓒ 바람(열풍)은 반드시 모류에 역행되지 않도록 해야 한다. 모류 반대 방향이면 두발이 날리게
된다.

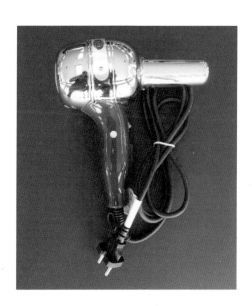

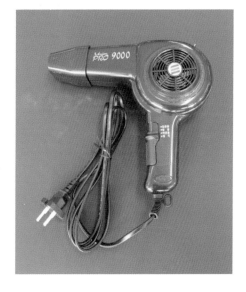

5) 포마드 도포

① 적당량을 용구로 떠내 양손으로 비벼 고르게 펴준다.
② 손가락에 묻어있는 포마드를 앞머리→양쪽 옆머리→두정부 순으로 바른다.
③ 두발뿌리 부분에 손가락을 넣어 바르면서 두발 끝 방향으로 손가락을 빼주는 자세로 골고루
   펴 바른다.
④ 손에 묻어있는 포마드 잔여물은 구레나룻 윗부분과 네이프 짧은 머리에 닦아주는 정도로 바르면
   된다.

6) 가르마(Parting)

① 가르마를 분할한다.
② 성인남자의 보통조발은 7 : 3 왼쪽가르마로 한다.
③ 장교머리형은 마네킹에 어울리도록 자유롭게 표현한다.

7) 정발술 시술

① 가르마 분할선 양쪽 두발이 반대로 구분되게 드라이로 방향감을 준다.
② 좌측 옆머리 → 네이프 → 우측 옆머리 → 두정부 → 앞머리 순으로 체계적으로 시술하고 이마
   발제선에서 최종 마무리한다.

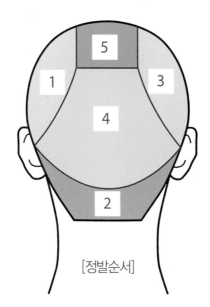

[정발순서]

③ 빗 사용방법
   ⓐ 시술 순서대로 드라이 작업을 하기 전에 인테리어 부분에 두발을 브러시로 뿌리를 세워서
      방향을 넘겨 놓는다.(1~2분소요)
   ⓑ 시술 순서대로의 작업은 일자 빗으로 드라이한다.

④ 좌측옆머리의 뿌리를 세워 구부려주고 귀 밑 부분으로 내려오면서 두피에 붙인다.

⑤ 후두부 두발을 가마 쪽으로 끌어 올려주면서 계단식으로 드라이 한다.

⑥ 우측옆머리의 뿌리를 세워 구부려주고 귀 밑 부분으로 내려오면서 두피에 붙인다.

⑦ 두정부 두발을 가마부위까지 밑에서 위쪽으로 진행한다.

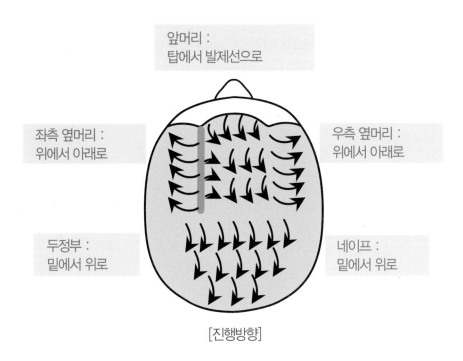

[진행방향]

⑧ 앞머리 세우기

　ⓐ 앞머리는 탑 부위에서 앞 발제선 쪽으로 진행해 세워준다.

　ⓑ 탑 부분에 뿌리를 높이 세우지 않도록 한다.

　ⓒ 앞 발제선 쪽으로 진행하면서 점점 더 뿌리를 높게 세워 볼륨을 준다.

　ⓓ 측면에서 보았을 때 탑에서 앞발제선까지 부풀림의 높이(볼륨)가 거의 평행하게 한다.

　ⓔ 앞발제선에 두발을 뒤쪽에 정면으로 넘기지 말고 빗 끝을 이용해 우측 옆으로 방향감과
　　 볼륨감을 준다.

⑨ 냉 타월로 백 포인트 밑 부분을 좌측 부분부터 살짝 눌러주면서 드라이어 냉풍을 쐬어 두발을
　 붙여준다.

⑩ 전체적인 균형을 확인한다.

2. 정발술 실기시험 종목 – 성인남자의 보통조발

1) 포마드 바르기와 브러시 드라이

① 포마드 적당량을 용구로 떠내 양손으로 비벼 고르게 펴준다.
② 두발 뿌리 부분에서부터 두발 끝 쪽으로 골고루 펴 바른다.

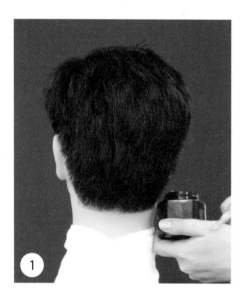 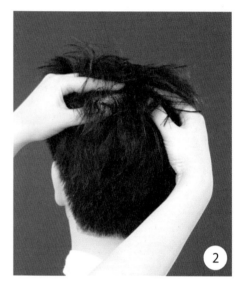

③ 가르마를 7 : 3 좌측으로 분할한다.
④ 브러시로 가르마부위를 드라이한다.

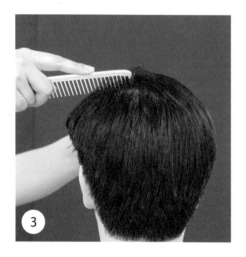 

2) 좌측 옆머리 드라이

① 좌측 옆머리에 빗을 넣어 굴려주면서 볼륨이 들어가도록 드라이한다.
② 옆머리 앞부분에 볼륨이 들어가도록 드라이한다.
③ 밑 부분으로 내려오면서 두피 쪽으로 붙여준다.

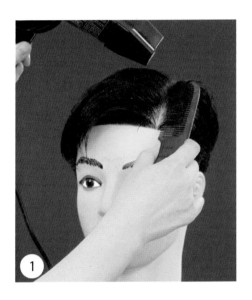
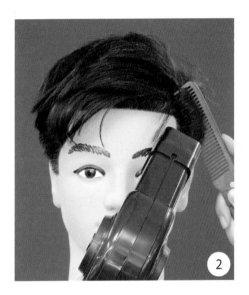

3) 네이프와 두정부 드라이

① 네이프 부위의 두발을 두피쪽으로 붙여서 빗질한다.
② 백포인트 부위의 두발을 두피쪽으로 붙여서 빗질한다.
③ 골든포인트 부위의 두발은 뿌리를 세워 볼륨을 넣어준다.

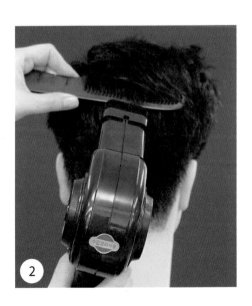

4) 우측 옆머리 드라이

① 우측 옆머리에 빗을 넣어 굴려주면서 볼륨이 들어가도록 드라이한다.

② 옆머리 앞부분에 볼륨이 들어가도록 드라이한다.

③ 밑 부분으로 내려오면서 두피 쪽으로 붙여준다.

5) 앞머리 드라이

① 탑 포인트 부위에선 볼륨을 주지 않고 각을 세워주는 정도로 드라이한다.

② 앞 발제선 쪽으로 진행하며 점점 더 뿌리를 세워주며 드라이한다.

③ 두발을 굴려 볼륨주고 사선으로 빗질한다.

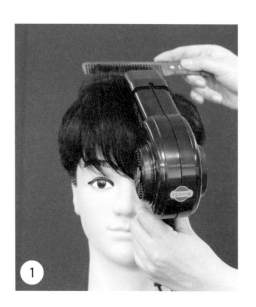

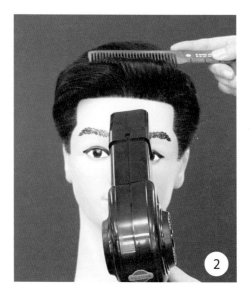

6) 마무리 작업

① 앞머리에서부터 우측 옆머리가 뜨지 않게 표면 빗질해준다.
② 좌측 옆머리 볼륨을 표면 빗질해 준 다음 밑으로 내려오면서 두피에 붙여준다.

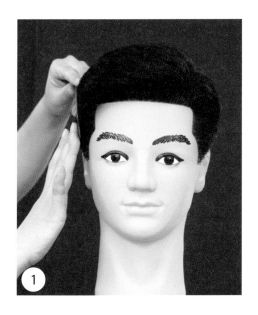
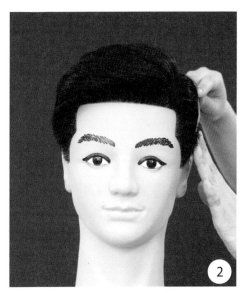

③ 탑 부분에서 앞 발제선까지 볼륨의 높이를 맞춘다.
④ 네이프 부분을 냉 타월로 두피에 붙여준다.

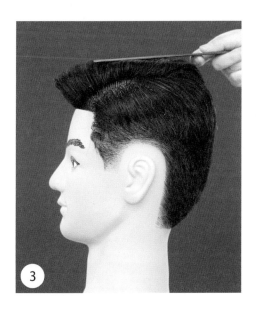
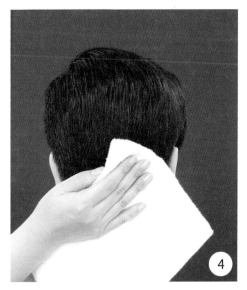

7) 완성작품

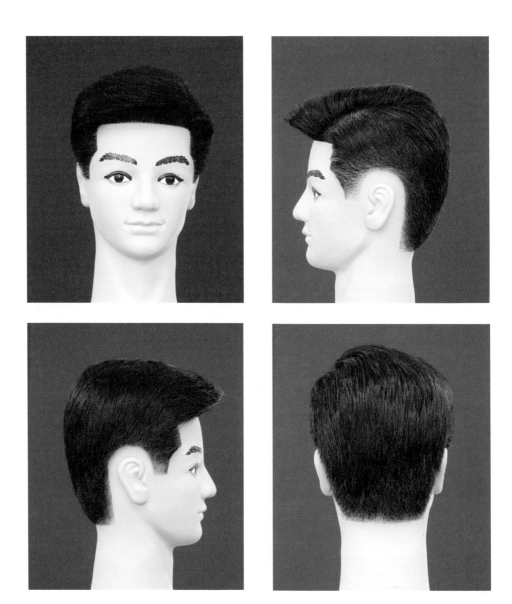

8) 시험정보 Tip

① 드라이기를 양손으로 자유로이 사용하고 온도조절을 잘해야 한다.

② 빗과 브러시로 두발을 빗고, 세우고, 누르고를 세밀하게 한다.

③ 좌측 옆머리 → 네이프 → 우측 옆머리 → 두정부 → 전두부 순으로 체계 있게 한다.

④ 두발을 입김으로 불지 말아야하며 시술 자세를 바르게 하고 각종기구 사용에 능숙해야 한다.

3. 정발술 실기시험 종목 – 장교머리형

1) 시술안내

① 시술과정

　성인남자의 보통조발 과제에 정발술 실기시험 종목과 동일한 방법으로 전 과정을 시술한다.

② 아래 그림에 장교머리형 완성작품을 참고한다.

2) 완성작품

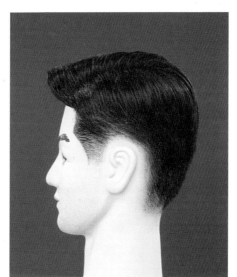
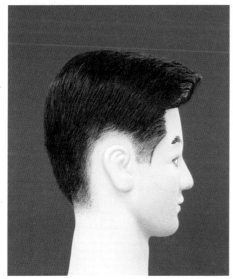
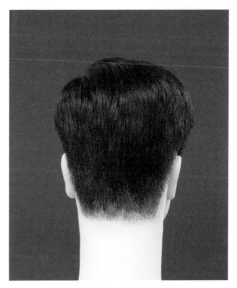

Section VI 아이론(Iron)

1. 아이론의 개요

1) 아이론의 정의와 원리

① 아이론에 열을 가해 일시적으로 두발에 컬과 웨이브를 만드는 방법이다.
② 두발의 길이와 웨이브 크기에 따라 아이론의 굵기를 선택한다.
③ 건강모, 보통보, 손상모 등 두발상태에 따라 온도를 조절하며 사용할 수 있는 제품이어야 한다.

2) 준비용품

① 아이론
    ⓐ 6mm는 라운드 브로스 커트(둥근 스포츠형) 과제에 와인딩한다.
    ⓑ 12mm는 성인남자의 보통조발과 장교머리형 과제에 와인딩한다.
② 아이론 빗
    열에 강하고 빗살이 안쪽으로 휘어 아이론이 얹어질 수 있는 빗이다.
③ 아이론 오일
    아이론 열에 의한 두발 손상을 방지하기 위해 바르는 제품이다.

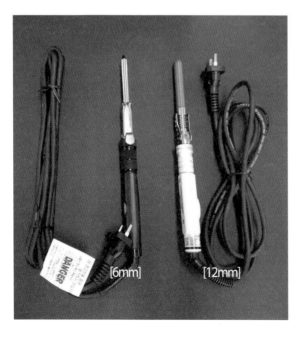

[6mm] [12mm]

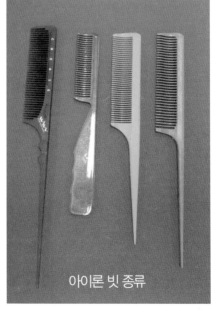

아이론 빗 종류

3) 사전커트와 샴푸

① 아이론 과제 시작 전 사전커트 시간 10분을 부여한다.

② 성인 남자의 보통조발과 장교머리형의 경우 사전커트 전에 별도의 샴푸잉 시간도 부여한다.

4) 아이론 오일

① 아이론 열에 의한 두발 손상을 방지하기 위해 아이론 오일을 도포한다.

② 아이론 오일 적당 양을 손에 덜어 두발에 가볍게 묻혀준다.

③ 너무 많이 도포되면 마른 타월로 유분기를 닦아준다.

④ 손바닥에 묻어있는 유분기를 마른 타월로 닦아준다.

5) 아이론 시술

① 아이론 사용시 두피와 모발에 손상없이 열 조절을 해야 한다.

② 아이론 빗을 이용하여 간격을 균일하게 와인딩해야 한다.

③ 제시된 부위가 모두 와인딩되어야 한다.

④ 와인딩 방향과 자세가 일치되며, 시술동작이 능숙해야 한다.

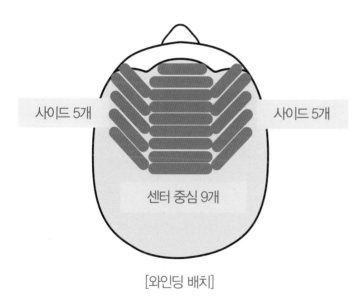

[와인딩 배치]

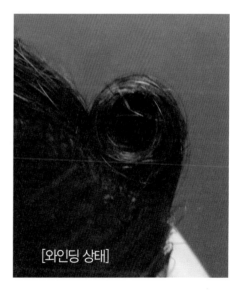

[와인딩 상태]

6) 아이론 와인딩

① 와인딩한 모발의 상태가 일정한 높이, 폭, 굵기를 유지해야 한다.

② 와인딩한 모발의 배열과 방향이 균일해야 한다.

③ 전체적인 흐름이 두상에 어울리고 매끈하며 조화로워야 한다.

2. 아이론 실기시험 종목 – 성인남자의 보통조발

1) 센터 중심 와인딩

① 아이론 12mm로 와인딩한다.
② 센터 포인트에서부터 시작한다.

③ 골든 포인트까지 수평으로 9개 와인딩한다.
④ 높이, 폭, 굵기를 일정하게 와인딩한다.

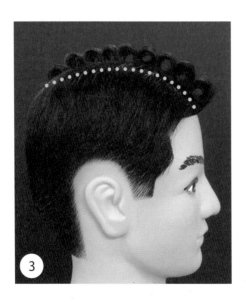 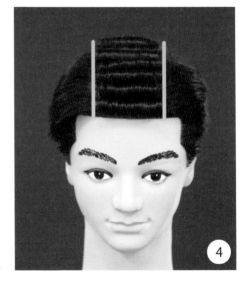

2) 오른쪽 사이드 와인딩

① 사선(전대각)으로 와인딩한다.
② 마지막 5번째 와인딩 위치를 센터 중심 9번째 와인딩 부분과 연결시킨다.

3) 왼쪽 사이드 와인딩

① 사선(전대각)으로 시작해 5개 와인딩한다.
② 센터 중심에 높이, 폭, 굵기와 동일하게 와인딩하다.

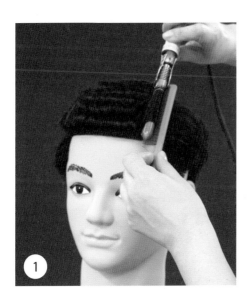

4) 완성작품

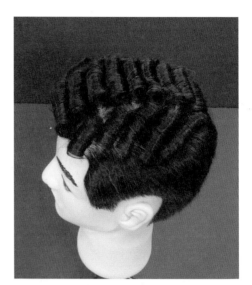

5) 시험정보 Tip

① 아이론의 온도를 체크하면서 시술한다.
② 마네킹이지만 두피에 닿지 않도록 조심히 다루는 모습을 보인다.

3. 아이론 실기시험 종목 – 장교머리형

1) 시술안내

① 시술과정

성인남자의 보통조발 과제에 아이론 실기시험 종목과 동일한 방법으로 전 과정을 시술한다.

② 아래 그림에 성인남자의 보통조발 완성작품을 참고한다.

2) 완성작품

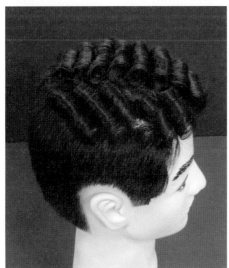

4. 아이론 실기시험 종목 – 라운드 브로스 커트(둥근 스포츠형)

1) 센터 중심 와인딩

① 아이론 6㎜로 와인딩한다.

② 센터 포인트에서부터 시작한다.

③ 골든 포인트까지 수평으로 9개 와인딩한다.

④ 와인딩한 모발의 상태가 높이, 폭, 굵기를 일정하게 한다.

2) 오른쪽 사이드 와인딩

① 사선(전대각)으로 시작해 5개 와인딩한다.
② 마지막 5번째 와인딩 위치를 센터 중심 9번째 와인딩 부분과 연결시킨다.

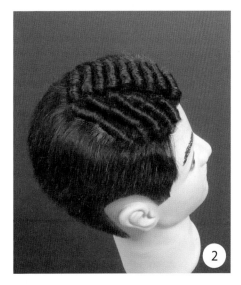

3) 왼쪽 사이드 와인딩

① 사선(전대각)으로 시작해 5개 와인딩한다.
② 마지막 5번째 와인딩 위치를 센터 중심 9번째 와인딩 부분과 연결시킨다.

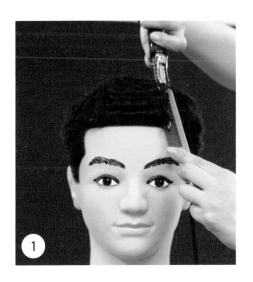

4) 완성작품

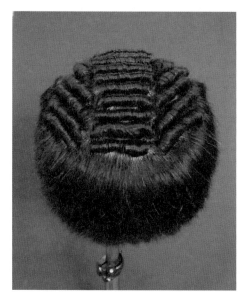

◆ 참고문헌

- Hair Sculpture(Pivot Point)
- 이용기능사학과 (크라운출판사)
- CCC Hair Cut(청구문화사)
- Q-NET 공개자료(한국산업인력공단)

◆ 참고문헌

- Hair Sculpture(Pivot Point)
- 이용기능사학과 (크라운출판사)
- CCC Hair Cut(청구문화사)

Men's Cut & 이용사 실기시험

초판 인쇄 | 2015년 3월 2일
초판 발행 | 2015년 3월 5일
개정 1판 발행 | 2018년 4월 10일

지은이 | 공복례
발행인 | 조규백
발행처 | 도서출판 구민사
　　　　　(07293) 서울특별시 영등포구 문래북로 116, 604호(문래동3가 46, 트리플렉스)

전화 | 02.701.7421~2
팩스 | 02.3273.9642
홈페이지 | www.kuhminsa.co.kr

등록 | 제14-29호 (1980년 2월 4일)
ISBN | 979-11-5813-570-6 93590

값 35,000원